AF326016

FLORE

ABRÉGÉE

DE TOULOUSE.

FLORE

ABRÉGÉE

DE TOULOUSE,

OU

CATALOGUE

MÉTHODIQUE

DES VÉGÉTAUX PHANÉROGAMES

QUI CROISSENT NATURELLEMENT

AUX ENVIRONS DE CETTE VILLE,

INDIQUANT

LES STATIONS ET LES ÉPOQUES DE FLEURAISON DE CHAQUE PLANTE;

SUIVI

D'UNE CLEF ANALYTIQUE DES GENRES ET DES ESPÈCES,

Et d'un Dictionnaire des termes,

PAR

Le Capitaine J.-J. SERRES.

Deus maximus in minimis.

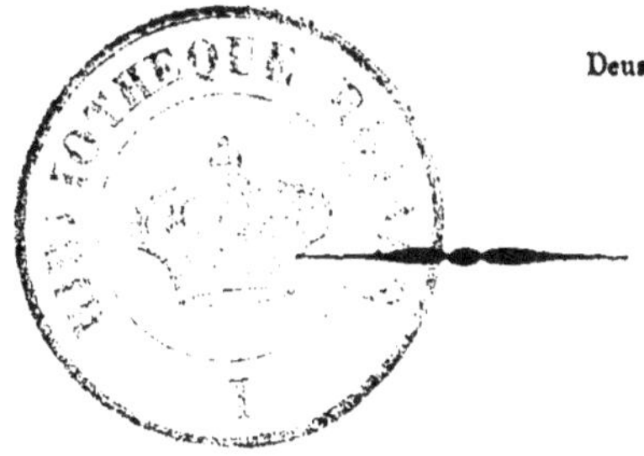

TOULOUSE,

IMPRIMERIE DE J.-M. CORNE, LIBRAIRE-EDITEUR,

RUE PARGAMINIÈRES, Nº 84.

1836.

AVERTISSEMENT.

Depuis quelques années le goût de la Botanique a été propagé et mis en honneur parmi les élèves qui fréquentent les écoles de Toulouse, d'abord par les leçons particulières de M. le docteur Noulet, et ensuite par le Cours public d'Histoire naturelle, professé avec tant de distinction par M. Moquin-Tandon. Un ouvrage qui traite de la Flore du pays, et qui soit au niveau des connaissances actuelles sur la matière, est donc devenu tout-à-fait indispensable. M'étant occupé moi-même, pendant six ou sept ans de suite, de la recherche des plantes qui croissent naturellement autour de Toulouse, dans un rayon de deux lieues environ, j'offre en attendant mieux, dans ce petit opuscule, aux personnes qui veulent se livrer à la plus attrayante des études, le résultat de mes courses et le fruit de mes observations.

Je préviens que mon travail n'a d'autre mérite que celui d'indiquer avec exactitude, je crois, les diverses localités où croissent les plantes, ainsi que les époques de leur fleuraison ; il pourra, sous ce double rapport, être utile aux élèves, en les guidant dans leurs herborisations. J'ai supposé que de tous les ouvrages qui ont paru sur la Flore française, le *Botanicum gallicum* de M. Duby, approuvé par l'illustre de Candolle, devait être le plus répandu, parce que, indépendamment du mérite de l'auteur, ce livre a l'avantage d'être le plus récent, et d'offrir, en un seul volume, tous les végétaux phanérogames de France. J'ai donc cru bien faire en suivant son classement, dont je ne me suis un peu écarté que dans les *Crucifères* et les *Ombellifères*, qui ne sont pas assez nombreuses ici pour pouvoir être sectionnées d'après la même méthode. Afin de simplifier le plus possible, j'ai, en général, borné ma synonimie aux dénominations adoptées par MM. de Candolle et Duby, auxquelles j'ai ajouté quelquefois celles de Linnée et de Villars, le célèbre auteur de l'Histoire des Plantes du Dauphiné. J'ai pu mentionner aussi quelques synonimes peu connus de Lapeyrouse, grâce à

l'extrême obligeance de M. l'abbé Dauzat, bibliothécaire de la ville, qui a bien voulu me permettre de visiter plusieurs fois l'herbier de ce
botaniste. Pour diminuer encore les difficultés
typographiques et les frais d'impression, je
me suis dispensé d'ajouter à la suite du nom
de l'espèce, le signe de la durée de sa racine,
qu'on trouve d'ailleurs dans tous les auteurs.

Des mille plantes environ que renferme ce catalogue, une dizaine seulement n'ont pas été trouvées
par moi; je les ai insérées d'après le témoignage
d'un naturaliste distingué de ce pays, M. le docteur Noulet, à qui je dois, de plus, la connaissance de quelques espèces qui m'avaient échappé.
S'il en manque encore quelques-unes dans ce
recueil, elles seront fournies surtout par la forêt
de Bouconne, qui a été peu visitée jusqu'ici,
et que je recommande aux explorations des
élèves : c'est, au reste, la seule localité qui sorte
un peu des limites que je me suis tracées ; mais
elle offre tant de ressources, comparée à toutes
les autres, que je n'ai pas cru devoir priver
la Flore du pays, déjà si pauvre, des végétaux
qu'elle renferme, et qui sont les plus rares de
ces contrées.

Si mon travail peut épargner des courses inutiles aux amateurs de Botanique, et contribuer à exciter leur zèle, mon but sera rempli.

Toulouse, le 1.er Mars 1836.

CLASSE PREMIÈRE.

PLANTES DICOTYLEDONÉES.

SOUS-CLASSE I. THALAMIFLORES.

FAMILLE I. RENONCULACÉES.

I. CLEMATIS. CLÉMATITE.

C. VITALBA. C. *Des haies.* Ramiers de la Garonne (1), haies des vignes à Pech-David. Juin, Juillet. C.

C. FLAMMULA. C. *Flammule.* Paraît s'être naturalisée dans quelques haies à Pech-David. Juin, Juillet. RR.

II. THALICTRUM. PIGAMON.

T. MINUS. P. *Mineur.* Cette plante est mal nommée, car elle s'élève à deux ou trois pieds. Elle vient aux bords de la Garonne, dans les trois îles du moulin du Château. Juin, Juillet. R.

III. ANEMONE. ANÉMONE.

A. NEMOROSA. A. *Sylvie.* Bois de la Ramette dans un lieu humide et ombragé aux bords du ruisseau des Vaches. Avril. RR.

A. RANUNCULOIDES. A. *Renoncule.* Prairies de la rive gauche du Touch, de Saint-Martin au pont de Saint-Michel. Avril, Mai. R.

IV. ADONIS. ADONIDE.

A. OESTIVALIS. A. *D'été* DC. (A. *Annua miller.*) Dans les champs à Calvinet, etc. Avril, Mai. C.

V. RANUNCULUS. RENONCULE.

R. AQUATILIS. R. *Aquatique.* Bords du canal du Midi,

---

(1) On nomme ainsi à Toulouse les îlots et atterrissemens boisés des bords de la Garonne.

fossés du Port-Garaud, etc. Avril, Juillet. **CC.** La var. *ω.* R. *Heterophyllus* dc. vient aux bords des mares à Mondonville.

R.   Choerophyllos. R. *Cerfeuil.* Champs pierreux et vignes sur le chemin qui, du pont de Tournefeuille, conduit à Colommiers, etc. Mai. R. Cette espèce se rapproche par des var. intermédiaires du R. *Monspeliacus.*

R.   Flammula. R. *Flammette.* Lieux marécageux de la forêt de Bouconne et du bois de la Ramette. M. J. R.

Obs. On m'a rapporté de la Ramette une var. qui a les feuilles de l'*Ophioglosse*, mais dont les capsules ne m'ont pas paru sensiblement tuberculeuses.

R.   Auricomus. R. *Tête-d'Or.* Ravin du bois de Balma, rive gauche du Touch, au-dessus du pont de Saint-Michel. Avril. R.

R.   Sceleratus. R. *Scélérate.* Fossés au Port-Garaud, etc. Mai, Juillet. C.

R.   Acris. R. *Acre.* Bords du canal, prés humides, etc. Avril, Juillet. C. Devient double par la culture dans les jardins, où elle est connue sous le nom de Bouton-d'Or.

R.   Nemorosus dc. Duby. R. *Villosus* (s^t-am. *Fl. ag.*) Bois autour de Puybusque, etc. Avril, Mai. C.

R.   Repens. R. *Rampante.* Bords du Canal, le long des chemins, etc. Avril, Juillet. CC. Devient double par la culture, comme l'*Acris.*

R.   Bulbosus. R. *Bulbeuse.* Vient partout avec la précédente. Avril, Juillet. CC.

R.   Philonotis. R. *Des mares.* Lieux inondés l'hiver, au Polygone, etc. Mai, Juin. C.

R.   Arvensis. R. *Des champs.* Dans les blés, partout. Mai, Juin. CC.

R.   Parviflorus. R. *A petites fleurs* dc. R. *Parvulus* Lapeyr. Lieux frais, le long des haies à Balma, Colommiers, Pibrac, etc. Mai. C.

VI. Ficaria. Ficaire.

F.   Ranunculoides. F. *Renoncule.* Dans tous les champs humides. Mars, Mai. CC.

VII. Helleborus. Hellébore.

H.   Viridis. H. *Vert*. Prairies et bois de la rive gauche du Touch, entre le pont de Saint-Martin et celui de Saint-Michel. Avril, Mai. R.

H.   Foetidus. H. *Fétide*. Bois à Vieille-Toulouse, en remontant le ravin. Avril, Mai. R.

VIII. Nigella. Nigelle.

N.   Damascena. N. *De Damas*. Se sème quelquefois d'elle-même autour des jardins.

N.   Hispanica. N. *D'Espagne*, *an nig. Sativa*. Lapeyr. ? Les Anthères sont à peu près mutiques, tandis qu'ils sont visiblement aristés dans la N. *Arvensis*. Champs de la plaine de la Garonne, entre le Canal et le bac de Blagnac, etc. Mai, Juin. C.

IX. Delphinium. Dauphinelle.

D.   Consolida. D. *Consonde*. Dans les blés, partout. J. C.

D.   Peregrinum dc. *Cardiopetalum* (Duby.) *Garumnæ* et *Verdunense* Lapeyr. Dans les chaumes après la moisson. CC.

FAMILLE 2. — BERBÉRIDÉES.

I. Berberis. Epine-Vinette.

B.   Vulgaris. E. *Commune*. Bords du Touch au-dessous de Saint-Martin, haie aux Récollets. Avril, Mai. R.

FAMILLE 3. — NYMPHÉACÉES.

I. Nuphar. Nuphar.

N.   Lutea. N. *Jaune* (Duby.) *Nymphæa lutea* dc. Abondant dans le Touch, à hauteur du bois de la Ramette. J. A^t.

FAMILLE 4. — PAPAVERACÉES.

I. Papaver. Pavot.

P.   Hybridum. P. *Hybride*. Au bord des champs pierreux au Polygone, Colommiers, etc. La teinte plus rose de ses fleurs le fait distinguer de loin du P. *Argemone*. M. C.

P. Argemone. P. *Argémone*. Champs dans la plaine de Casselardit, Polygone, etc. Mai. C.

P. Dubium. P. *Douteux*. Semis de chênes à droite et à gauche de l'entrée du Polygone, etc. Mai. C.

P. Rhoeas. P. *Coquelicot*. Dans tous les blés. M. J. CC.

Obs. J'ai trouvé dans un blé, sur la route de Muret, un pavot qui semble être un hybride formé par la réunion des P. *Rhœas* et *Somniferum*.

P. Somniferum. P. *Somnifère*. Se sème de lui-même autour des enclos.

II. Glaucium. Glaucion.

G. Flavum. G. *Jaune* (Duby.) *Chelidonium glaucium* DC. Bords de la Garonne, après l'embouchure du Canal, bords de la route près du pont de Pinsaguel, etc. J. J^t. R.

III. Chelidonium. Chélidoine.

C. Majus. C. *Eclaire*. Sur les vieux murs aux Récollets, à la raffinerie de Salpêtre. Mai, Juillet. R.

FAMILLE 5. — FUMARIACÉES.

I. Fumaria. Fumeterre.

F. Media. F. *Intermédiaire*. Dans les cultures, le long des haies, etc. Juin. C.

F. Officinalis. F. *Officinale*. Dans les champs, les jardins, partout. Avril, Juillet. CC.

FAMILLE 6. — CRUCIFÈRES.

† SILIQUEUSES.

I. Raphanus. Radis.

R. Sativus. R. *Cultivé*. Originaire d'Asie, cultivé partout pour la cuisine.

R. Raphanistrum. R. *Sauvage, ravenelle*. Dans les champs, les prés, partout. Avril, Septembre. CC.

II. Eruca. Roquette.

E. Sativa. R. *Cultivée* (Duby.) *Brassica eruca* DC. Se sème d'elle-même autour des jardins.

III. Brassica. Chou.

B.   Oleracea. C. *Cultivé*. Se sème souvent de lui-même dans les champs.

B.   Erucastrum DC. Duby. *Sisymbrium obtusangulum* DC. Champ à gauche de l'entrée du Polygone, hauteurs de Calvinet. Mai, Octobre. R.

IV. Sinapis. Moutarde.

S.   Nigra. M. *Noire*. Bords de la Garonne au pied de Pech-David, où elle s'élève à plus d'un mètre de hauteur, etc. Juin, Juillet. CC.

S.   Arvensis. M. *Des champs*. A l'entrée du canal de Brienne, du côté de la ville, sur la rive gauche. R.

Obs. Le S. *Orientalis* diffère-t-il essentiellement de l'*Arvensis*? On trouve, pêle-mêle dans les mêmes localités, des individus à siliques glabres, et d'autres à siliques plus ou moins hérissées de poils dirigés en arrière.

S.   Incana. M. *Blanchâtre*. Dans les champs secs et les lieux incultes, au Polygone, etc. Juillet, Août. CC.

S.   Alba. M. *Blanche*. Sur les bords du Touch, dans les ramiers de la Garonne, etc. Juin, Août. C.

V. Arabis. Arabette.

A.   Hirsuta. A. *Hérissée*. var. β. A. *Sagittata* DC. 2ᵉ île du moulin du Château, et bords sablonneux de la Garonne sur la rive droite, un peu au-dessous de Blagnac. M. J. R.

A.   Thaliana. A. *De Thalius*. Dans les champs, les pépinières à Calvinet, etc. Avril, Mai. CC.

Obs. L'*Arabis alpina* s'est naturalisée, depuis nombre d'années, sur une petite butte pierreuse située derrière la serre du Jardin des Plantes.

VI. Cardamine. Cardamine.

C.   Pratensis. C. *Des prés*. Aux bords du Canal, des fossés, partout. Avril, Mai, CC.

C.   Latifolia. C. *A large feuille*. Aux bords des fontaines près de la ferme de l'hôpital, sur le coteau parallèle à la route de Cugnaux, d'après M. le docteur Noulet. R.

C.   Hirsuta. C. *Velue.* Le long des haies, sur les bords du Canal, dans les pépinières de Calvinet, etc. Av. M. CC.

C.   Impatiens. C. *Impatiente.* Je l'ai trouvée une seule fois dans un lieu très-ombragé des ramiers de la Garonne, un peu au-dessus de la ferme de Bracqueville. M. J. RR.

VII. Hesperis. Julienne.

H.   Matronalis. J. *Des dames.* Elle est abondante à l'ombre dans l'île de la Poudrerie. Mai, Juin.

VIII. Cheiranthus. Giroflée.

C.   Cheiri. G. *Violier.* Sur toutes les vieilles murailles de Toulouse. Avril, Juillet. CC.

IX. Barbarea. Barbarée.

B.   Vulgaris. B. *Commune* (Duby.) *Erysimum barbarea* dc. Le long des fossés, au bord de Lhers, au Port-Garaud, etc. Mai, Juin. C.

Obs. J'ai souvent trouvé l'*Erysimum cheiranthoides* dans les cultures derrière le Jardin des Plantes, où cette espèce se sème d'elle-même.

X. Alliaria. Alliaire.

A.   Officinalis. A *Officinale* (Duby.) *Hesperis alliaria* dc. Lieux frais et ombragés, à la Poudrerie, aux bords du Touch, etc. Mai. C.

XI. Sisymbrium. Sisymbre.

S.   Officinale. S. *Officinal.* Lieux secs, bords des chemins, partout. Mai, Juillet. CC.

S.   Acutangulum. S. *A lobes aigus* dc. S. *Pyrenai cum* (Vill.) Ramiers de la rive gauche de la Garonne, au-dessus de Bracqueville; en face de Blagnac, dans les osiers qui bordent la rivière. Les graines de cette plante, chariées par les eaux, sont, sans doute, venues des Pyrénées, où je l'ai trouvée en abondance le long de l'Ariège au-dessus d'Ax. Juin, Juillet. R. (Je me suis assuré, par l'herbier de Lapeyr., que c'était le S. *Erysimifolium* de cet auteur.)

S.   Irio. S. *Irio.* Le long des murs, dans les cours, partout. Mai, Août. CC.

S.   Sophia. S. *Sagesse.* Je ne l'ai trouvé qu'une fois le long de la haie du jardin de M. Royer à Castanet. Juin. RR.

XII. Diplotaxis. Diplotaxes.

D.   Tenuifolia. D. *A feuilles menues* (Duby.) *Sisymb. tenuifolium* dc. Sur les quais, les ponts, au bord des chemins, etc. Juin, Septembre. CC. Le nom de cette espèce peut induire en erreur, car ses feuilles ne sont ni menues, ni aussi profondément divisées que celles de plusieurs autres sisymbres.

D.   Muralis. D. *Des murs* (Duby.) *Sisymb. murale* dc. Dans la grande île du moulin du Château, à Pech-David, au bord des chemins, etc. Mai, Juin. C.

XIII. Nasturtium. Cresson.

N.   Officinale. C. *Officinal* (Duby.) *Sisymb. nasturtium* dc. Le long des eaux de sources, à Saint-Martin du Touch, etc. Mai, Juillet. C..

N.   Sylvestre. C. *Sauvage* (Duby.) *Sisymb.* dc. Rive droite de la Garonne, depuis l'embouchure du Canal jusqu'au-dessous de Blagnac, etc. Juin, Juillet. C.

Obs. J'ai trouvé dans les fossés de la route de Lardenne, une var. de cette espèce, qui a les siliques longues d'un pouce, ce qui doit l'exclure de la section où Decandolle l'a placée.

N.   Palustre. C. *Des marais. Sisymb.* dc. Petits ramiers de la rive droite de la Garonne, au-dessous du bac de Blagnac, etc. Juillet, Août. R.

N.   Amphibium. C. *Amphibie* (Duby.) *Sisymb.* dc. Bords de la Garonne, fossés pleins d'eau dans la plaine derrière le Busca, etc. Juin, Juillet. C.

†† SILICULEUSES.

XIV. Alyssum. Alysson.

A.   Calycinum. A. *Calicinal.* Coteaux de Pech-David, bords du chemin du bac de Blagnac, etc. Avril, Mai. C.

XV. DRABA. DRAVE.

D. VERNA. D. *Printanière* DC. *Erophila vulgaris* (Duby.) Dans les champs sur les hauteurs de Calvinet, etc. partout. Mars, Avril. CC.

XVI. SENEBIERA. SÉNÉBIÈRE.

S. CORONOPUS. S. *Corne de cerf* (Duby.) *Coronopus vulgaris* DC. Bords du Canal, à l'extrémité de l'allée des Soupirs, esplanade du Port-Garaud, etc. Juin, Juillet. C.

XVII. THLASPI. TABOURET.

T. PERFOLIATUM. T. *Perfolié.* Vignes à Pech-David, champs, pépinières, etc. Avril, Juin. CC.

Obs. J'ai souvent trouvé le *Thlaspi arvense* dans les cultures du Jardin des Plantes, où il se sème et se reproduit spontanément; mais je ne l'ai jamais rencontré hors de Toulouse.

XVIII. CAPSELLA. CAPSELLE.

C. BURSA PASTORIS. C. *Bourse à pasteur* (Duby.) *Thlaspi* DC. Cette plante vient partout, et fleurit toute l'année à Toulouse. CC.

XIX. LEPIDIUM. PASSERAGE.

L. DRABA. P. *Drave* (Duby.) *Cochlearia* DC. Bords du chemin de halage du Canal, depuis l'allée Lafayette jusqu'aux magasins à blé, champs, etc. Mai, Juin. CC.

L. SATIVUM. P. *Cresson-alénois* (Duby.) *Thlaspi* DC. Cultivé dans les jardins, d'où il s'échappe très-souvent. Mai, Juin.

L. CAMPESTRE. P. *Des champs* (Duby.) *Thlaspi* DC. (Vu dans l'herbier de LAPEYR. sous le nom de *Thlaspi hirtum.*) Les silicules sont ponctuées de papilles, mais nullement velues. Champs au Polygone, à Pibrac, le long du Canal, de l'allée Lafayette aux magasins à blé, etc. Juin, Juillet. C.

Obs. La var. B. de Villars, que j'ai trouvée abondamment dans les prairies du Gapençais, paraît constituer une espèce nouvelle ; les pédicelles des fleurs sont constamment glabres, et non hérissés comme dans le Campestre. Les feuilles radicales sont nombreuses, persistantes, longuement pétiolées, ovales, presque entières, plus ou moins velues. Les tiges qui partent, plusieurs ensemble, du collet de la racine, sont ascendantes, et non droites, toujours simples, et non ramifiées au sommet. Les silicules de tous mes échantillons sont glabres, et non velues comme dans la var. de Villars. Le style dépasse l'échancrure. Enfin la plante entière a un port tout différent de celui du *Campestre*.

L.   IBERIS. P. *Ibéride.* Le long des chemins, partout. Juin, Août. CC.

XX. TEESDALIA. TÉESDALIE.

T.   NUDICAULIS. T. *A tige nue* (Duby.) *Guepinia Iberis* DC. Cette espèce, qui vient abondamment sur les collines de Revel, a été trouvée par M. le docteur Noulet, dans un petit bois de la rive droite du Touch.

XXI. IBERIS. IBÉRIDE.

I.   PINNATA. I. *Pinnatifide.* Champs à Puybusque, Balma, etc. Juin. C.

I.   AMARA. I. *Amère.*Champs sablonneux dans la 2ᵉ île du moulin du Château. Juin. R.

XXII. CAMELINA. CAMÉLINE.

C.   SATIVA. C. *Cultivée* (Duby.) *Myagrum* DC. Cultivée dans la plaine de la Garonne, et très-souvent spontanée dans les champs et les lins entre le Canal et Blagnac, etc. Mai, Juin. C.

XXIII. NESLIA. NESLIE.

N.   PANICULATA. N. *En panicule* (Duby.) *Bunias* DC. Dans les blés de la rive droite de la Garonne après l'embouchure du Canal, etc. Mai, Juin. C.

XXIV. MYAGRUM. MIAGRE.

M.   PERFOLIATUM. M. *Perfolié* (Duby.) *Cakile* DC.

Champs de la vallée de Lhers, derrière les hauteurs de Calvinet, à Peyriole, etc. Mai, Juin. C.

XXV. Bunias. Bunias.

B. Erucago. B. *Masse-au-bedeau.* Dans les chaumes après la moisson, partout. Juin, Août. CC.

XXVI. Rapistrum. Rapistre.

R. Rugosum. R. *Ridé* (Duby.) *Cakile* dc. Au bord des chemins, dans les champs, partout. Juillet, Août. CC.

FAMILLE 7. — CISTINÉES.

I. Cistus. Ciste.

C. Salvioefolius. C. *A feuille de sauge.* Bois secs de Colommiers, à la Ramette, etc. Mai, Juin. CC.

II. Helianthemum. Helianthème.

H. Guttatum. H. *Taché* dc. Lieux secs, bords des bois, à Colommiers, Balma, la Ramette, etc. Juin. C.

Obs. On le trouve quelquefois ici à fleurs tachées à la base de pourpre-violet, et plus fréquemment à pétales sans taches. — *L'helianth. eriocaulon* dun. , ne me paraît pas différer de notre espèce.

H. Fumana. H. *Fumana.* Coteaux arides de Pech-David, bords de la Garonne au-dessous de Portet. Juin, Juillet. C.

H. Vulgare. H. *Commun.* Dans tous les lieux incultes, Pech-David, etc. , partout. Mai, Août. CC.

FAMILLE 8. — VIOLARIÉES.

I. Viola. Violette.

V. Hirta. V. *Hérissée.* Bois et haies sur la rive gauche du Touch, près du moulin situé un peu en amont du pont de Saint-Michel ou de Blagnac. Avril. R.

V. Odorata. V. *Odorante.* Le long des berges de Calvinet, etc. Mars, Avril. R. (Commune dans les jardins.)

V. Canina. V. *De chien.* Bords du Touch, bois de Balma, de Pibrac, etc. Avril, Mai. C.

V.   Tricolor. V. *Tricolore* (Duby.) Var. *Viola arvensis*
dc. Dans les blés, les chaumes. Mai, Août. C.

FAMILLE 9. — RÉSÉDACÉES.

I. Reseda. Réséda.

R.   Phiteuma. R. *Raiponce.* Terres meubles au pied de
Pech-David, dans les champs, etc. Mai, Juin. C.

R.   Lutea. R. *Jaune.* Bords escarpés de la Garonne, en face
de Blagnac, etc. Mai, Juillet. C.

R.   Luteola. R. *Herbe à jaunir.* Au bord des chemins,
derrière les hauteurs de Calvinet, etc. Mai, Juillet. C.

FAMILLE 10. — POLYGALÉES.

I. Polygala. Polygala.

P.   Vulgaris. P. *Commun.* Dans les prés, les bois, partout. Avril, Août. CC.

P.   Amara. P. *Amer*, var. *Austriaca.* Forêt de Bouconne.
Juin, Juillet. R.

FAMILLE 11. — CARYOPHILLÉES.

I. Gypsophila. Gypsophile.

G.   Muralis. G. *Des murs.* A Calvinet, au Grand-Rond,
dans tous les champs. Mai, Août. CC.

II. Dianthus. OEillet.

D.   Prolifer. OE. *Prolifère.* Rives sèches du Canal, berges
arides, etc. partout. Mai, Août. CC.

D.   Armeria. OE. *Arméria.* Bois de Balma et de la rive
droite du Touch près le pont de Blagnac. Juin, Juillet. C.

D.   Carthusianorum. OE. *Des chartreux.* Tous les coteaux
de Pech-David. Juin, Juillet. C.

D.   Superbus. OE. *Superbe.* Bois de Bouconne, le long des
ruisseaux, où il atteint un mètre de hauteur. Juillet.

III. Saponaria. Saponaire.

S.   Vaccaria. S. *Des vaches.* Dans les blés à Calvinet,
sur Pech-David, etc. Juin. C.

S. Officinalis. S. *Officinale*. Le long des chemins derrière Calvinet, dans les ramiers de la Garonne, etc. J. J^t C.

IV. Cucubalus. Cucubale.

C. Bacciferus. C. *Porte-Baies*. Saussaies des bords de la Garonne, en face de Blagnac, bords du Touch, etc. J. J^t. C.

V. Silene. Siléné.

S. Inflata. S. *A calice enflé*. Bords du Canal, dans les champs, partout. Mai, Août. CC.

S. Cerastoides. S. *Faux-Céraiste*. (Vill. dc.) S. *Quinquevulnera*. var.(Duby.) Au Polygone, dans les champs, etc. Mai, Juillet. C.

    Obs. M. Lapeyr. indique le *Silene gallica* au bord du Touch ; l'échantillon de cette plante, qui est dans son herbier, ne paraît pas différer du *Cerastoides*. Peut-être, aù reste, faudrait-il réunir en une seule espèce les S. *Lusitanica, Gallica, Quinquevulnera et Cerastoides.*

S. Nocturna (Duby.) S. *Spicata* dc. Cette plante, commune à Montpellier, a été trouvée par moi, une seule fois, dans la cour basse de la Fonderie. RR.

S. Nutans. S. *Penché*. Coteaux et vignes de Pech-David. Mai, Juin. C. ·

S. Rubella. S. *Rougeâtre* dc. S. *Clandestina* (Duby.) Je l'ai trouvé quelquefois dans les lins. Mai, Juin. R.

VI. Lychnis. Lychnide.

L. Dioica. L. *Dioïque*. Cette plante vient partout, et fleurit depuis le printemps jusqu'à l'automne. CC.

L. Flos-cuculi. L. *Fleur de coucou*. Dans les prés humides de Perpan, aux bords du Canal, etc. Mai, Juin. C.

L. Githago. L. *Nielle*. Dans les blés, partout. M. J^t. CC.

VII. Sagina. Sagine.

S. Procumbens. S.*Couchée*. Champs sablonneux, rive gauche de la Garonne après Bourassol, etc. Juin. C.

S. Apetala. S. *Sans pétales*. Le long des murailles, des ponts, dans les champs du Polygone, etc. Juin. C.

S. Erecta. S. *Droite*. A l'extrémité du champ de manœuvre du Polygone à gauche, bords du chemin qui, du pont de Tournefeuille, conduit à Colommiers. Avril, Mai. R.

VIII. HOLOSTEUM. HOLOSTÉE.

H. UMBELLATUM. H. *En ombelle* (Duby.) *Alsine* DC. Endroits humides des vignes sur les coteaux de Tournefeuille. Mars, Avril. R.

IX. SPERGULA. SPARGOUTE.

S. ARVENSIS. S. *Des champs.* Plaines de Saint-Martin-du‾ Touch, de Tournefeuille, etc. Mars, Août. C.

S. PENTANDRA. S. *A cinq étamines.* Abondante au Polygone, etc. Avril, Juillet. C.

X. STELLARIA. STELLAIRE.

S. MEDIA. S. *Morgeline* (Duby.) *Alsine* DC. Vient partout, et fleurit presque toute l'année.

S. GRAMINEA. S. *Graminée.* Bois secs de Balma, etc. Juin, Juillet. C.

S. HOLOSTEA. S. *Holostée.* Le long des haies à Calvinet, dans la plaine de Casselardit, etc. Avril, Mai. C.

XI. ARENARIA. SABLINE.

A. RUBRA. S. *A fleurs rouges.* Partout dans les champs secs, sur les chemins, les murs en terre. Mai, Août. CC.

A. TENUIFOLIA. S. *A feuilles menues.* Champs sablonneux des îles de la Garonne, plaine de la rive gauche au-dessus du château de Gounon, dit *la Poudrette*, etc: Av. J. C.

A. SERPYLLIFOLIA. S. *A feuilles de serpolet.* Dans les champs, dans les cours, partout. Avril, Août. CC.

A. TRINERVIA. S. *A trois nervures.* Lieux ombragés, au pied des murs d'enceinte du parc du *Petit-Espinet*, sur le coteau parallèle à la route de Cugnaux près du château de la *Sipière*, etc. Mai. R.

XII. CERASTIUM. CERAISTE

C. VULGATUM. C. *Commun* (L. SAINT-AMANS.) C. *Viscosum* (DC. DUBY.) Champs entre les Récollets et la Garonne, etc. Avril, Juillet. CC.

C. VISCOSUM. C. *Visqueux* (L. SAINT-AMANS.) C. *Vulga-*

tum (DC. DUBY.) Au bord des chemins , partout. Il fleurit au printemps un peu plutôt que le précédent. CC.

C.   OBSCURUM. (CHAUBARD *in Fl. ag.?*) Cette plante n'a le plus souvent qu'un pouce de hauteur ; elle est très-visqueuse. La corolle est très-ouverte , plus grande que dans les deux précédentes. Le nombre des étamines varie de 5 à 8. Les bractées ne sont point membraneuses au sommet. Elle m'a paru distincte de toutes les autres espèces de ce genre difficile ; elle vient en Mars sur les pelouses herbeuses de la rive droite de la Garonne , après l'embouchure du Canal , en face du château de *Menerie ;* je ne l'ai vue que là.

C.   SEMIDECANDRUM. C. *A cinq anthères* (Duby.) C. *Pellucidum* (CHAUBARD *in Fl. ag.*) Bords très-arides du chemin qui , de la plaine de Casselardit, conduit au château de *Saint-Michel.* Mars , Avril.

C.   BRACHYPETALUM (DUBY?) Bords sablonneux de la Garonne, dans le jardin de la Fonderie. Plante très-grêle , très-visqueuse ; pédoncules plus longs que les fleurs. Je l'ai toujours trouvé sans carolle. Mai. R.

C.   AQUATICUM. C. *Aquatique.* Bords de la Garonne , du Touch à Saint-Martin , au pied des berges escarpées de Bauzelle , etc. Juin , Juillet. C.

FAMILLE 12. — LINÉES.

LINUM. LIN.

L.   GALLICUM. L. *De France.* Lieux arides , le long des chemins à Colommiers, dans les bois de Balma , de la Ramette , etc. Juin , Juillet. C.

L.   STRICTUM. L. *Raide.* Coteaux de Pech-David jusqu'à Vieille-Toulouse. Juin. C.

L.   NARBONENSE. L. *De Narbonne.* Je l'ai trouvé dans la prairie au bas du cours Dillon sur les bords de la Garonne. Juin. RR.

L.   USITATISSIMUM. L. *Cultivé.* Il vient spontanément dans toutes les cultures.

L.   TENUIFOLIUM. L. *A feuilles menues* (Duby.) L. *Suffruticosum?* DC. Tous les coteaux de Pech-David. Mai, Juillet. C.

L.   Catharticum. L. *Purgatif.* Dans les prés, sur les bords du Canal, etc. Juin, Juillet. C.

II. Radiola. Radiole.

R.   Linoides (Duby.) *Lin. radiola* DC. Lieux humides et bords des ravins dans la forêt de Bouconne. Juillet. R.

FAMILLE 13. — MALVACÉES.

I. Malva. Mauve.

M.   Niceoensis. *Mauve de Nice.* Feuilles à 5 lobes pointus. — Fleurs très-petites rougeâtres. — Capsules fortement ridées, crépues. — Tiges, pétioles et pédicelles chargés de poils très-rudes, insérés sur une glande. Vient partout ici, où je n'ai jamais rencontré la M. *Rotundifolia.* Juin, Juillet. C.

M.   Sylvestris. M. *Sauvage.* Au bord des champs, des chemins. Juin, Juillet. C.

M.   Moschata. M. *Musquée.* Grande île du moulin du Château, ramier de la Garonne, au-dessus du château de Gounon, dit *la Poudrette,* au bord d'une prairie du Port-Garaud. Juin, Juillet. R.

II. Althœa. Guimauve.

A.   Officinalis. G. *Officinale.* Le long des eaux à *Menerie,* dans la plaine de Casselardit, sur les bords du Touch, à la hauteur du bois de la Ramette, etc. Juillet, Août. C.

A.   Cannabina. G. *A feuilles de chanvre.* Le long des haies au pied de Pech-David, etc. Juillet, Août. C.

A.   Hirsuta. G. *Hérissée.* Dans les haies des vignes à Castanet. Juin. R.

A.   Rosea. G. *Passerose.* Cultivée dans les jardins, d'où elle s'échappe très-souvent.

FAMILLE 14. TILIACÉES.

I. Tilia. Tilleul.

T.   Microphylla. *Tilleul à petites feuilles.* Cultivé.
T.   Platyphyllos. T. *A grandes feuilles.* Cultivé.

FAMILLE 15. HYPÉRICINÉES.

I. Androsoemum. Androsème.

A. Officinale. A. *Officinal.* Forêt de Bouconne le long des ruisseaux, du côté de Léguevin. Juin, Juillet.

II. Hypericum. Millepertuis.

H. Quadrangulum. M. *Tétragone.* Bords du Canal du Pont des Demoiselles au *Petit-Espinet*, etc. Juillet, Août. C.

H. Perforatum. M. *Perforé.* Au bord des routes, des champs, partout. Juin, Août. CC.

H. Humifusum. M. *Couché.* Dans les champs, avant et surtout après la moisson. CC.

H. Hirsutum. M. *Velu.* Bords ombragés du Touch, un peu au-dessus du pont de Blagnac (rive droite), bois de Vieille-Toulouse. Juin. R.

H. Pulchrum. M. *Elégant.* Forêt de Bouconne du coté de Léguevin. Juin, Juillet. R.

Obs. La plante qui porte ce nom dans l'herbier de Lapeyr., est une var. de l'*hyp.* Richeri, Vill. J'y ai vu le véritable H. *Pulchrum*, avec l'étiquette H. *Linariœfolium.* Ces erreurs proviennent sans doute non du fait de l'auteur, mais de quelque transposition d'échantillon.

H. Montanum. M. *De montagne.* Bois des coteaux de Vieille-Toulouse du côté de la Garonne. Juin. R.

FAMILLE. 16. — ACÉRINÉES.

I. Acer. Erable.

A. Campestre. E. *Champétre.* Au bord des chemins et des bois, à Sainte-Agne. Avril. R.

FAMILLE 17. — GÉRANIACÉES.

I. Geranium. Géranium.

G. Sanguineum. G. *Sanguin.* Coteaux de Pech-David, bois de la Ramette, etc. Mai, Juin. C.

G. Nodosum. G. *Noueux.* A Puybusque le long du ravin, à Balma près du ruisseau. Mai, Juin. C.

G. Pyrenaïcum. G. *Des Pyrénées.* Tout-à-fait naturalisé dans les plates-bandes de verdure qui bordent l'allée principale du Jardin des Plantes. Mai, Juin.

G. Molle. G. *Mollet.* Le long des chemins, dans les prés artificiels, partout. Avril, Août. CC.

G. Rotundifolium. G. *A feuilles rondes.* Au bord des chemins, surtout dans les lieux secs et pierreux, partout. Avril, Août. CC.

G. Columbinum. G. *Colombin.* Le long des haies au Polygone, dans les champs. Juin. C.

Obs. Se distingue, au premier coup d'œil du suivant, par la longueur de ses pédoncules.

G. Dissectum. G. *Découpé.* Partout dans les lieux gras et herbeux, surtout dans les prairies des bords de Lhers. Mai, Juin. CC.

G. Robertianum. G. *Herbe à Robert.* A la Poudrerie, le long des chemins creux de Sainte-Agne et de Pouvourville, etc. Mai, Juin. C.

Obs. Le *Geranium lucidum* s'est depuis long-temps naturalisé derrière la serre du Jardin des Plantes.

II. Erodium. Erodium.

E. Ciconium. E. *Bec de cigogne.* Rive droite du Canal, en face de l'allée Lafayette, etc. Mai, Juin. C.

E. Cicutarium. E. *A feuilles de ciguë.* Le long des routes, dans les prés artificiels, partout. Avril, Août. CC. Cette espèce offre un grand nombre de variétés.

E. Moschatum. E. *Musqué.* Bords des chemins à Lardenne, tout près de la Ramette. Mai, Juin. R.

E. Malachoides. E. *Fausse Mauve.* Fossés à gauche de la route de Muret dans le faubourg, à Mondonville, en montant la côte. Mai, Juin. R.

FAMILLE 18. — OXALIDÉES.

I. Oxalis. Oxalide.

O. Corniculata. O. *Cornue.* Au-delà du Canal dans le

chemin creux qui, de l'écluse de Bayard, mène à Peyriole; le long des haies, des fossés, etc. Mars, Juillet. C.

FAMILLE 19. — ZYGOPHYLLÉES.

I. TRIBULUS. TRIBULE.

T. TERRESTRIS. T. *Terrestre*. Champs sablonneux de la rive droite de la Garonne, un peu avant d'arriver au bac de Blagnac. Juillet, Août. RR.

SOUS-CLASSE II. CALICIFLORES.

FAMILLE 20. — CÉLASTRINÉES.

I. EVONYMUS. FUSAIN.

E. EUROPOEUS. F. *Commun*. Dans les haies, à la grande île au-dessus de la Poudrerie, etc. Mai, Juin. R.

II. ILEX. HOUX.

I. AQUIFOLIUM. *Houx commun*. Forêt de Bouconne. Avril. R. Il en existe un pied dans la cour de la Fonderie, qui a pris un accroissement extraordinaire.

FAMILLE 21. — RHAMNÉES.

I. PALIURUS. PALIURE.

P. ACULEATUS. P. *Épineux*. Au bord des pépinières situées entre les deux chemins qui mènent du Canal à Peyriole. Juin, Juillet. Cultivé pour bordures.

II. RHAMNUS. NERPRUN.

R. CATHARTICUS. N. *Purgatif*. Rive gauche du Touch, entre son embouchure et le pont de Saint-Michel, autrement dit pont de Blagnac. Mai. R.

R. FRANGULA. N. *Bourdaine*. Bois de la Ramette le long du ruisseau des Vaches. Mai, Juin. R. C'est avec le charbon de bourdaine qu'on fabrique les poudres de chasse.

FAMILLE 22. — LÉGUMINEUSES.

I. ULEX. AJONC.

U.   EUROPOEUS. A. *D'Europe*. Coteaux boisés de Tournefeuille à Colommiers, autour du parc de la *Joncasse*, derrière les hauteurs de Calvinet, etc. Avril, Mai. C.

II. SPARTIUM. SPARTIUM.

S.   JUNCEUM. S. *A branches de jonc* (Duby.) *Genista* DC. Bois taillis à deux lieues de Toulouse sur la route de Sorèze par Montaudran, etc. Juin, Juillet. C.

III. GENISTA. GENÊT.

G.   ANGLICA. G. *D'Angleterre*. Cette espèce, très-commune autour de Revel, se trouve aussi, d'après M. le docteur Noulet, sur les coteaux de Vénerque, qui font suite à ceux de Pech-David. Mai, Juin.

G.   GERMANICA. G. *D'Allemagne*. Bois à Pibrac, Colommiers, la Ramette, etc. Mai, Juin. C.

G.   TINCTORIA. G. *Des teinturiers*. Dans la vieille prairie du Polygone, sur les bords de la Garonne, etc. J. J.ᵗ C.

G.   SAGITTALIS. G. *A tige ailée*. Bois de la Ramette, de Pibrac, etc. Mai, Juin. C.

IV. CYTISUS. CYTISE.

C.   SCOPARIUS. C. *A balais* (Duby.) *Genista* DC. Bois à Colommiers, Puybusque, Saint-Geniés, etc. J. J.ᵗ C.

C.   CAPITATUS. C. *A fleurs en téte*, an *cytisus supinus*? (On trouve entre ces deux espèces des intermédiaires embarrassans.) Petit bois de Colommiers à droite de la campagne de M. *Sans*, dite château de l'*Armurier*, à Bouconne. Mai, Juin. R.

C.   ARGENTEUS. C. *Argenté*. Lisière des bois derrière *las Bordes*, en remontant le ravin à gauche de la route de Puylaurent. Mai, Juin. R.

V. ONONIS. BUGRANE.

O.   ARVENSIS. B. *Des champs* DC. O. *Procurrens* (Duby.)

Au bord des champs , dans les pâturages , partout. Mai , Août. CC.

O.   Columnoe (Duby.) O. *Parviflora* dc. Coteaux arides de Vénerque, d'après M. le docteur Noulet.

O.   Natrix. B. *Gluante*. Bords sablonneux de la Garonne , en face des îles du moulin du Château , etc. J. J^t. C.

VI. Anthyllis. Anthyllide.

A.   Vulneraria. A. *Vulnéraire*. Au bord des bois à Sainte-Agne , etc. La var. β à fleur rouge , dans les sables de la rive gauche de la Garonne , au-dessus de la ferme de Bracqueville. Mai , Juin. C.

VII. Medicago. Luzerne.

M.   Sativa. L. *Cultivée*. Elle se sème d'elle-même , et vient spontanément partout. Mai , Juin. CC.

Obs. La plupart des cultivateurs de ce pays donnent le nom de Luzerne à l'Esparcette , et réciproquement.

M.   Lupulina. L. *Houblon*. Partout , surtout dans les lieux secs et stériles. Avril , Août. CC.

M.   Orbicularis. L. *Orbiculaire*. Au Polygone au bord de la haie à droite de la butte , à Calvinet le long des chemins. Mai , Juin. R.

M.   Apiculata. L. *A petites pointes*. Rive droite de la Garonne, entre l'embouchure du Canal et le bac de Blagnac, dans les fossés , les champs, etc. Mai , Août. C.

M.   Lappacea. L. *Bardane*. Dans les blés à Perpan , etc. Mai , Juin. Ses fruits sont plus gros que ceux de l'espèce précédente , et ses épines plus longues.

M.   Minima. Cette espèce vient partout dans les bois secs , dans les lieux pierreux et stériles. Mai , Juin. CC.

M.   Maculata. L. *Tachée*. Sur les bords du Canal , et dans les lieux frais et herbeux. Avril , Août. CC.

VIII. Trigonella. Trigonelle.

T.   Monspeliaca. T. *De Montpellier*. Amphithéâtre de Perpan , champs sablonneux situés entre la rive droite de la Garonne et le chemin du bac de Blagnac. Juin. R.

T.   Hybrida. T. *Bâtarde.* Je l'ai trouvée plusieurs années de suite sur le bord même de la Garonne, après l'embouchure du Canal, en face du château de *Menerie.* Cette plante étant vivace, il est probable qu'elle se perpétuera au même endroit. Juin, Juillet. RR.

IX. Melilotus. Mélilot.

M.   Officinalis. M. *Officinal.* (Fleurs jaunes.) N'est pas rare sur les bords de la Garonne, etc. Juin, Sept. C.

M.   Leucantha. M. *A fleurs blanches.* Coteaux de Pech-David, où il s'élève et se ramifie prodigieusement. Juin, Août. C.

X. Trifolium. Trèfle.

T.   Angustifolium. T. *A feuilles étroites.* Dans les champs secs et les lieux stériles, à Calvinet, etc. Juillet, Août. C.

T.   Rubens. T. *Rouge.* Ce beau trèfle vient à Colommiers dans un petit bois à droite de la campagne de M. Sans, dite château de l'*Armurier*, à la Ramette, etc. Juin. C.

T.   Incarnatum. T. *Incarnat.* Cultivé à Toulouse, sous le nom de *Farouche*, et spontané dans tous les lieux incultes. Mai, Juillet. CC.

T.   Arvense. T. *Des guérets.* Commun dans les champs avant et après la moisson, au Polygone, etc. Juin, Août.

T.   Lappaceum. T. *Bardane.* Champs sablonneux des bords de la Garonne, après la tuilerie de Bourassol, en amont de la ville en face des îles du moulin du Château, etc. Juin, Juillet.

Obs. Cette espèce est assez variable; ses têtes sont tantôt sessiles, tantôt longuement pédonculées.

T.   Bocconi. T. *De Boccone* (Duby. dc.) T. *Collinum* dc. T. *Gemellum* Lapeyr. Abondant sur la lisière très-sèche du bois de la Ramette du côté de Lardenne. Juin.

T.   Striatum. T. *Strié.* Champs secs et pierreux du Polygone, bois de la rive droite du Touch, un peu au-dessus du pont de Blagnac, etc. Juin, Juillet. C.

T.   Scabrum. T. *Rude.* Dans les lieux les plus secs, derrière la butte du Polygone, etc. Mai, Juin. C.

T. Maritimum (Duby.) T. *Irregulare* et *Xatardi*. DC. Prairie vieille du Polygone, bords de la Garonne et du Canal, autour du petit étang près la tuilerie des Récollets, etc. Mai, Juin. C.

Obs. Il faut encore réunir à cette espèce les T. *Clypeatum* et *Stipulaceum* de l'herbier de Lapeyr. On m'a donné un échantillon du T. *Xatardi*, étiquetté par M. Xatard lui-même, et qui ne diffère pas du nôtre.

T. Ochroleucum. T. *Jaunâtre*. Sur les bords du Canal et dans toutes les prairies vieilles. Mai, Juin. C.

T. Pratense. T. *Des prés*. Cultivé et spontané partout.

T. Glomeratum. T. *Aggloméré*. Champs secs et pierreux, au Polygone, etc. Mai, Juillet. C.

T. Strictum. T. *Roide*. Abondant dans le bois de la Ramette, surtout à la lisière du côté de Lardenne. Mai, Juin.

T. Repens. T. *Rampant*. Dans les prés, les lieux herbeux, partout. Mai, Septembre. CC.

T. Elegans. T. *Elégant*. Forêt de Bouconne, bois de la Ramette, le long du ruisseau des Vaches. Juin, Juillet. R.

Obs. Ses tiges deviennent fistuleuses en s'allongeant dans les broussailles.

T. Subterraneum. T. *Enterreur*. Pelouses du Polygone, bords des routes de Lardenne, etc Mai, Juin. C.

T. Resupinatum. T. *Renversé*. Lieux humides et herbeux, bords du Canal, rive droite de la Garonne de l'embouchure du Canal à Blagnac, etc. Mai, Juin.

T.. Fragiferum. T. *Fraisier*. Dans les pelouses au bord des chemins, à Calvinet, etc. Août, Septembre. C.

T. Agrarium. T. *Des campagnes*. Lieux humides et herbeux, prairie vieille du Poligone, bords de la Garonne, etc. Juin, Septembre. C.

T. Procumbens. T. *Etalé*. Bords du Canal, pâturages de la grande île du moulin du Château, etc. M. J. C.

T. Filiforme. T. *Filiforme*. Rive droite de la Garonne, un peu au-dessous de l'embouchure du Canal. Mai, J. R. Cette espèce se rapproche un peu des mélilots ; ses légumes saillent presque hors du calice.

XI. Dorycnium. Dorycnium.

D.   Hirsutum. D. *Hérissé* (Duby.) *Lotus* dc. Bords de la Garonne au-dessous de *Portet*, bois taillis à Beaupuy, etc. Juin, Juillet. R.

D.   Suffruticosum. D. *Frutescent.* Bords de la Garonne en face de Blagnac, du Canal avant d'arriver au Petit-Espinet, coteaux de Vieille-Toulouse, etc. Juin. C.

XII. Lotus. Lotier.

L.   Hispidus dc. *Fl. fr.* 5, p. 572. L. *Hispide.* L. *Pedunculatus* Lapeyr. Vigne de Tournefeuille près du Touch, en face de la Ramette. Juin, Juillet. R.

L.   Angustissimus. L. *Très-étroit.* Au Polygone près du *redan*, à Balma dans le taillis en face du château, etc. Juin. C.

Obs. Le *Lotus diffusus*, qui m'a été communiqué par M. le docteur Noulet, ne paraît différer de l'*Angustissimus*, que parce qu'il est glabre dans toutes ses parties. Au surplus, cette plante et les deux précédentes ne sont probablement que des var. d'une même espèce.

L.   Corniculatus. L. *Corniculé.* Bords du Canal, etc. partout. La var. β *Lotus major* vient dans les haies humides près du château de *Bourassol*, situé sur la hauteur en face de la Pate-d'Oie, etc. Juin, Août. CC.

XIII. Tetragonolobus. Tétragonolobe.

T.   Siliquosus. T. *Siliqueux* (Duby.) *Lotus* dc. Rive gauche du Canal, un peu avant d'arriver au Petit-Espinet, pré marécageux un peu au-delà de la fontaine de Bourassol (1), situé sur la rive gauche de la Garonne. M. J. R.

-----

(1) Il ne faut pas confondre cette localité souvent citée dans cet Ouvrage, avec le château qui porte le même nom, et qui est situé sur la route de Lardenne, en face de la Pate-d'Oie.

XIV. Psoralea. Psoralier.

P.   Bituminosa. P. *Bitumineux*. Lieux arides , coteaux de Pech-David , etc. Juin, Août. C.

XV. Astragalus. Astragale.

A.   Glycyphyllos. A. *A feuilles de réglisse*. Bords du Canal, ramiers de la Garonne , etc. J. J^t. C.

XVI. Coronilla. Coronille.

C.   Emerus. C. *Des jardins*. Dans les haies sur les coteaux de Pech-David. Mai , Juin. C.

XVII. Astrolobium. Astrolobe.

A.   Ebracteatum. A. *Sans bractées* (Duby.) *Ornithopus* dc. Derrière les hauteurs de Calvinet, dans un champ sablonneux touchant le petit parc de M. Maurice. Mai. R.

A.   Scorpioides. A. *Queue de scorpion* (Duby.) *Ornithopus* dc. Dans les blés à Calvinet , etc. partout. Mai, Août. CC.

XVIII. Ornithopus. Ornithope.

O.   Compressus. O. *Comprimé*. (Fleurs jaunes.) Au Polygone , aux bords des bois à Colommiers , à la Ramette , etc. Juin , Juillet. C.

O.   Roseus. O. *A fleurs roses* (Dufour. Duby.) Cette jolie espèce vient abondamment à Tournefeuille et sur les bords du bois de la Ramette. Dans les blés ses tiges se relèvent , et prennent un tel accroissement, qu'on pourrait en essayer la culture , comme plante fourragère , dans les terrains secs et pierreux où les autres légumineuses réussissent mal.

XIX. Hippocrepis. Hippocrépide.

H.   Comosa. H. *En ombelle*. Je ne l'ai trouvée qu'un seule fois au bord d'un déversoir de la Garonne , au-dessus de la ferme de Bracqueville. Mai. RR.

XX. Onobrychis. Esparcette.

O. **Sativa.** E. *Cultivée.* Spontanée presque partout. (Communément appelée Luzerne à Toulouse.)

XXI. Cicer. Ciche.

C. **Arietinum.** C. *Tête de belier.* Cultivé sous le nom de pois chiche. Sa graine imite une tête de belier.

XXII. Faba. Fève.

F. **Vulgaris.** F. *Commune.* Cultivée. Se sème quelquefois d'elle-même dans les terrains rapportés.

XXIII. Vicia. Vesce.

V. **Cracca.** V. *Cracca.* Dans les blés, partout, avant et après la moisson. Mai, Septembre. CC.

V. **Sativa.** V. *Cultivée.* Spontanée partout dans les champs, les prés, etc. Avril, Juillet. CC. Elle offre plusieurs variétés.

V. **Peregrina.** V. *Pétarelle.* Petit bois sec de Colommiers, à droite de la campagne de M. Sans, dite château de l'*Armurier.* Mai. R.

V. **Lutea..** V. *Jaune.* Dans les blés, sur la route de Balma, etc. Juin. C. β. *Pallidiflora* (Duby.) V. *Hirta* dc. Sur les deux rives de la Garonne, un peu au-dessus de Bracqueville.

V. **Sepiun.** V. *Des haies.* Bois de Balma, de Vieille-Toulouse, de Puybusque, etc. Mai, Juin. C.

V. **Narbonensis.** V. *De Narbonne.* Au Polygone, le long des haies à droite de la butte, rive gauche du Touch, près du moulin situé entre les ponts de Saint-Martin et de Saint-Michel, etc. Mai, Juin.

XXIV. Ervum. Ers.

E. **Lens.** E. *Lentille.* Cultivé à Sainte-Agne, etc.

E. **Hirsutum.** E. *Velu.* Prairie du Polygone, coteau à droite de la butte, etc. Mai, Juin. C.

E. Tetraspermum. E. *A quatre graines.* Dans les taillis et les lieux secs , petit bois de la rive droite du Touch , un peu au-dessus du pont de Tournefeuille , etc. Juin. C.

E. Gracile. E. *Grêle* DC. (Légumes glabres ordinairement à six graines, pédoncules plus longs que les feuilles , vrilles simples. Champ au bord du Canal , non loin du Petit-Espinet. Juin. Plus rare que les précédens.

XXV. Pisum. Pois.

P. Sativum. P. *Commun.* Cultivé partout.

P. Arvense. P. *Pisaille.* Dans les blés à Calvinet , à Balma. R. An var. P. *Sativ.* ?

XXVI. Lathyrus. Gesse.

L. Sylvestris. G. *Sauvage.* Dans les haies des vignes de Pech-David , au bord de la Garonne , après avoir dépassé la tuilerie de Bourassol , etc. Juillet, Août. C.

L. Latifolius. G. *A large feuille.* Coteaux des bords de la Garonne depuis Pech-David jusqu'à Vieille-Toulouse. Juin , Juillet. C.

L. Pratensis. G. *Des prés.* Sur les bords du Canal , autour des prés , etc. Mai , Juin. CC.

L. Aphaca. G. *Sans feuilles.* Dans les champs , les blés , partout. Mars , Septembre. CC.

L. Nissolia. G. *De nissole* ou *sans vrilles.* Dans un petit pré un peu au-delà de la fontaine du Béarnais , bois de la rive droite du Touch au-dessus du pont de Tournefeuille. Juin. R.

L. Sphoericus. G. *Sphérique.* Blés à la *Pujade* , à gauche de l'avenue de la route d'Albi. Mai , Juin. R.

Obs. On ne distingue bien cette espèce de la suivante que par les graines , qui sont rondes et ponctuées dans celle-ci , anguleuses et presque prismatiques dans celle-là.

L. Angulatus. G. *Anguleuse.* Elle vient partout , dans les champs , les blés , les bois même. Juin. CC.

L. Sativus. G. *Cultivée.* On la cultive assez rarement ici.

L.   Annuus. G. *Annuelle.* Au pied de Pech-David, sur
le bord de la Garonne, en face de la dernière île du
moulin du Château, dans un lieu frais planté d'osiers.
Mai, Juin. R.

L.   Hirsutus. G. *Hérissée.* Ramiers de la rive gauche de
la Garonne, entre Bracqueville et Portet. Juin. R.

L.   Bithynicus. G. *De Becsangil* (Duby.) *Vicia* dc.
Dans les moissons derrière Calvinet, etc. Mai, Juin. C.

XXVII. Orobus. Orobe.

O.   Niger. O. *Noircissant.* Bois de Balma en face du
Château, bois de Colommiers, etc. Mai, Juin. C.

O.   Tuberosus. O. *Tubéreux.* O. *Divaricatus et obtusifolius* (Lapeyr.) Dans tous les bois, à Puybusque,
Montauriol, la Ramette, etc. Avril, Mai. C.

XXVIII. Phaseolus. Haricot.

P.   Vulgaris. H. *Commun.* Cultivé pour la cuisine.

P.   Nanus dc. H. *Nain.*   *Id.*   *Id.*

P.   Multiflorus. H. *A fleurs écarlates.* Cultivé dans
les jardins comme ornement.

XXIX. Lupinus. Lupin.

L.   Albus. L. *Blanc.* Rarement cultivé à Toulouse. Je
l'ai trouvé plusieurs fois semé de lui-même autour des
prés artificiels à Calvinet. Mai.

L.   Angustifolius L. *A feuilles étroites.* Au bord des
vignes de la campagne de Lagrange à la Ramette, sur
la lisière du petit bois à droite du château de l'*Armurier*
à Colommiers. Mai. R.

XXX. Cercis. Gainier.

C.   Silisquastrum. G. *Arbre de Judée.* Il se sème très-
souvent de lui-même, et peut être regardé comme entièrement naturalisé à Toulouse. Mars, Avril.

FAMILLE 23. — ROSACÉES.

I. Amygdalus. Amandier.

A. Communis. A. *Commun.* Cultivé.

II. Persica. Pêcher.

P. Vulgaris. P. *Commun.* α. Chair non adhérente au noyau. — *Pêche.* β. Chair adhérente au noyau. — *Pavie* ou *Alberge.* Les deux var. cultivées.

P. Loevis. P. *A fruits lisses.* α. Chair non adhérente au noyau. — *Violette.* β. Chair adhérente. — *Brugnon* ou *Brignon.* Les deux var. cultivées.

III. Armeniaca. Abricotier.

A. Vulgaris. A. *Commun.* Cultivé.

IV. Prunus. Prunier.

P. Spinosa. P. *Epineux.* Dans les haies à Calvinet, au bord de la Garonne près de la tuilerie de Bourassol, etc. Mars, Avril. C.

P. Domestica. P. *Domestique.* Cultivé.

V. Cerasus. Cerisier.

On cultive à Toulouse, dans les campagnes et dans les bosquets, les C. *Duracina, Juliana, Caproniana, Semperflorens, Mahaleb, Padus* et *Lauro-Cerasus.*

VI. Spiroea. Spirée.

S. Ulmaria. S. *Reine des prés.* Le long des haies et des fossés qui séparent les jardins du faubourg Saint-Michel, des prairies du Port-Garaud. Juillet, Août. R.

S. Filipendula. S. *Filipendule.* Bords du Canal, dans les prés, les bois. Juin, Juillet. CC.

VII. Geum. Benoite.

G. Urbanum. B. *Commune.* Lieux frais et ombragés, à gauche et près du pont de Tournefeuille, etc. J. Jt. C.

VIII. Rubus. Ronce.

R.   Coesius. R. *A fruits bleuâtres.* Le long des haies, des champs, dans les fossés de la route de Pensaguel, après le château de Gounon, dit *la Poudrette*, etc. Juin, Août. C. (Cette espèce est moins ligneuse que la suivante.)

R.   Fruticosus. R. *Arbrisseau.* Vient partout dans les haies, etc. Juin, Août. CC.

R.   Tomentosus. R. *Cotonneuse.* Sur les bords du bois de la Ramette du côté de Lardenne, etc. Juin, Juillet. C. (Pourrait bien n'être qu'une var. de la précédente.)

Obs. Le R. *Corylifolius* est indiqué, par Lapeyr., aux Récollets, où je n'ai pas su le retrouver.

IX. Fragaria. Fraisier.

F.   Vesca. F. *Commun.* Dans les bois, dans la prairie du Polygone, etc. Avril, Juin. C.

X. Potentilla. Potentille.

P.   Tormentilla. P. *Tormentille* (Duby.) *Tormentilla erecta* DC. Dans les bois de la Ramette, etc. Mai, Septembre. C.

P.   Reptans. P. *Rampante, Quintefeuille.* Bords des fossés, etc., partout. Juin, Août. CC.

P.   Verna. P. *Printanière.* Prairie du Polygone, berge de la rive droite du canal de Brienne, etc. Av. M. C.

P.   Argentea. P. *Argentée.* Terrains pierreux et secs, au Polygone, à Perpan, etc. Avril, Septembre. C.

P.   Splendens. P. *Brillante* DC. P. *Alba.* β. (Duby.) Taillis de la rive gauche du Touch, un peu au-dessus du pont de Blagnac, bois de la Ramette, de Tournefeuille, sur les collines, etc. Avril, Mai. C.

P.   Fragaria. P. *Fraisier.* Bois de la rive gauche du Touch, au-dessus de Saint-Martin, d'après le témoignage de M. le docteur Noulet.

XI. Agrimonia. Aigremoine.

A.   Eupatoria. A. *Eupatoire.* Sur les bords du Canal, le long des haies, des chemins, etc. Juillet, Septembre. CC.

XII ALCHEMILLA. ALCHIMILLE.

A. ARVENSIS. A. *Des champs.* Dans les guérets, sur la rive gauche de la Garonne au-dessus du château de Gounon, dit *la Poudrette*, etc. Mai, Juin. C.

XIII. POTERIUM. PIMPRENELLE.

P. SANGUISORBA. P. *Sanguisorbe.* Lieux secs, derrière la butte du Polygone, etc. Avril, Juin. C.

XIV. ROSA. ROSIER.

R. ARVENSIS. R. *Des champs.* Haies à Pech-David, à Lardenne, etc. Var. γ R. *Prostrata* DC. Le long du chemin qui conduit à la Ramette, à droite. Mai, Juin. C.

R. GALLICA. R. *De France.* Sur la lisière du bois de la Ramette du côté de Lardenne, etc. Juin. C.

R. CANINA. R. *Sauvage.* Le long des haies et des bois à Colommiers, etc. Mai. C. Cette espèce offre un grand nombre de variétés.

R. RUBIGINOSA. R. *Rouillé.* Dans les haies à Lardenne, etc. Mai, Juin. (Ici les fleurs de cette espèce sont le plus souvent blanches.)

XV. CRATOEGUS. ALISIER.

C. OXYACANTHA. A. *Aubépine* (Duby.) *Mespilus* DC. Dans les haies, partout. Avril, Mai. CC.

XVI. MESPILUS. NÉFLIER.

M. GERMANICA. N. *D'Allemagne.* Sur le chemin de Lardenne à la Ramette, dans les haies à gauche. Mai, Juin. R.

XVII. PYRUS. POIRIER.

P. COMMUNIS. P. *Domestique.* On en cultive des variétés sans nombre.

P. MALUS. P. *Pommier* LIN. *Malus acerba* DC. La var. β se subdivise en plus de deux cents cultivées dans les jardins et les vergers.

P.   Aria. P. *Allouchier* (Duby.) *Cratœgus* dc. Bois à Pibrac, forêt de Bouconne. Avril, Mai. R.

P.   Torminalis. P. *Faux-Sycomore* (Duby.) *Cratœgus* dc. J'en ai vu un très-beau pied sur le bord de la route de Puylaurent après Moutauriol. Spontané ? ou planté ?

P. Sorbus. P. *Sorbier* (Duby.) *Sorbus domestica* dc. On le plante surtout dans les vignes.

XVIII. Cydonia. Cognassier.

C.   Vulgaris. C. *Commun* (Duby.') *Pyrus cydonia* dc. Sauvage et cultivé partout pour bordures.

FAMILLE 24. — MYRTACÉES.

I. Philadelphus. Seringat.

P.   Coronarius. S. *Odorant.* Cultivé dans les jardins et les bosquets.

FAMILLE 25. — CUCURBITACÉES.

I. Cucumis. Concombre.

C.   Melo. C. *Melon.* Cultivé en grand dans les champs à Blagnac, etc.

C.   Sativus. C. *Cultivé.* Le concombre est peu cultivé dans ce pays.

II. Lagenaria. Calebasse.

L.   Vulgaris. C. *Commune* (Duby.) *Cucurbita lagenaria* dc. (Fleurs blanches.) Je l'ai vue cultivee à Lardenne autour des maisons.

III. Bryonia. Bryone.

B.   Dioïca. B. *Dioïque.* Dans les haies au pied de Calvinet, sur le chemin de Peyriole, etc. Mai, Août. CC.

IV. Momordica. Momordique.

M.   Elaterium. M. *Elastique.* Le long des chemins etc. partout. Juillet, Août. CC.

V. Cucurbita. Courge.

On Cultive à Toulouse les C. *Maxima* et C. *Pepo.*

FAMILLE 26. — ONAGRAIRES.

I. Epilobium. Epilóbe.

E.   Hirsutum. E. *Hérissé.* (Fleurs grandes.) Lieux humides à Pech-David, bords de la Garonne, le long du premier ruisseau qu'on traverse après avoir dépassé la fontaine et la tuilerie de Bourassol, etc. Juin, Juillet. C.

E.   Molle. E. *Mollet.* (Fleurs petites.) Hors du faubourg Saint-Cyprien, le long du canal de fuite du Château-d'Eau, etc. Juillet. C.

E.   Tetragonum. E. *Tétragone.* Au Polygone, dans le fossé de la batterie de mortiers, à la tuilerie de Bourassol, sur la rive gauche de la Garonne, dans les mares formées par l'enlèvement des terres, etc. Juillet. C.

II. OEnothera. Onagre.

OE. Biennis. O. *Bisannulle.* Bords de la Garonne, dans la grande île du moulin du Château, etc. Juillet, Août. C.

III. Circoea. Circée.

C.   Lutetiana. C. *Commune.* A Puybusque dans l'endroit le plus ombragé du ravin, le long des berges escarpées de Bauzelle, sur la rive gauche de la Garonne. Juin, Juillet. R.

FAMILLE 27. — HALORAGÉES.

I. Myriophyllum. Volant-d'eau.

M.   Spicatum. V. *En épi.* Dans le Canal et dans toutes les eaux stagnantes, particulièrement dans le petit étang situé derrière la fontaine du Béarnais. Juin, Août. CC.

Obs. Lapeyr. indique aussi le M. *Verticillatum* dans le Canal, où je ne l'ai jamais rencontré.

II. Callitriche. Callitrique.

C. Sessilis. C. *A fruit sessile.* Dans tous les fossés remplis d'eau stagnante , au Port-Garaud , etc. Avril, Août. CC.

III. Hippuris. Pesse.

H.| Vulgaris. P. *Commune.* Dans les eaux stagnantes du bois de la Ramette , d'après le témoignage de M. le docteur Noulet. RR.

FAMILLE 28. — CÉRATOPHYLLÉES.

I. Ceratophyllum. Cornifle.

C. Demersum. C. *Nageant.* Dans les eaux stagnantes ; fossés près de la tuilerie de Bourassol , etc. Juillet. C.

C. Submersum. C. *Submergé.* Dans le Canal et dans ses déversoirs. Juillet, Août. Plus rare que le précédent.

FAMILLE 29. — LYTHRARIÉES.

I. Lythrum. Salicaire.

L. Salicaria. S. *Commune.* Fossés des prairies du Port-Garaud, etc. Juillet, Août. CC.

L. Hyssopifolium. S. *A feuilles d'hysope.* Lieux humides des-chemins , derrière les hauteurs de Calvinet , au Polygone devant le redan dans les endroits inondés l'hiver, etc. Juin, Juillet. C.

Peplis. Péplide.

P. Portula. P. *Pourpier.* Dans une mare desséchée sur le chemin de traverse qui , après avoir dépassé Tournefeuille , conduit de la grande route au Touch , en longeant la propriété de M. Resseguier. Juillet. R.

FAMILLE 30. — PORTULACÉES.

I. Portulaca. Pourpier.

P. Oleracea. P. *Cultivé.* Dans les jardins , les cultures, etc. Juin, Août. C.

II. Montia. Montie.

M. Fontana. M. *Des fontaines.* Var. α DC. Champ à droite de la grande route de Blaguac, immédiatement avant d'arriver au cirque de Perpau. Avril. R.

FAMILLE 31. — PARONYCHIÉES.

I. Corrigiola. Corrigiole.

C. Littoralis. C. *Des rives.* Je ne l'ai trouvée qu'une seule fois sur la rive gauche de la Garonne, un peu au-dessus du château de Gounon, dit *la Poudrette.* Août. RR.

II. Herniaria. Herniaire.

H. Hirsuta. H. *Velue.* Dans les pépinières de Calvinet, sur les chemins, partout. Mai, Août. CC.

III. Polycarpon. Polycarpe.

P. Tetraphyllum. P. *Quaterné.* Champs au Polygone, dans les cours, sur les chemins, etc., partout. J. A^t. CC.

IV. Scleranthus. Gnavelle.

S. Annuus. G. *Annuelle.* Bords de la Garonne sous le cours Dillon, dans les champs à Pibrac, etc. Avril, Mai. C·

FAMILLE 32. — CRASSULACÉES.

I. Tilloea. Tillée.

T. Muscosa. T. *Mousse.* Sur les bords très-secs du chemin qui traverse l'enclos de M. Mallafosse au-dessous du pont de Saint-Martin-du-Touch. Juin. Juillet. R.

II. Umbilicus. Ombilic.

U. Pendulinus. O. *A fleurs pendantes.* Bords du chemin derrière les Minimes, dans les haies. Juin, Juillet. RR.

III. Sedum. Orpin.

S. Telephium. O. *Reprise.* Rive gauche du Touch, dans le premier bois qu'on trouve au-dessus de Leyrac, le long des murailles des jardins, dans la forêt de Bouconne, etc. Juillet, Août. R.

S.   Coepea. O. *Paniculé* Avec ses var. *Galioides* et *Alsinœfolium* dc. Bois de Balma, le long des haies qui bordent la grande route à las Bordes, etc. Juillet, Août. C.

S.   Album. O. *Blanc.* Bords du chemin qui traverse la plaine de Casselardit, délaissés de la Garonne au-dessus de Bracqueville, etc. Juin, Juillet. C.

S.   Rubens. O. *Rougeâtre* (Duby.) *Crassula* dc. Pépinières à Calvinet, murailles en terre, etc. Juin, Juillet. C.

S.   Dasyphyllum. O. *A feuilles épaisses.* Sur la corniche du quai près du moulin du Bazacle. Juin. RR.

S.   Acre. O. *Acre.* Lieux secs de la rive droite de la Garonne, en face de la plaine de Casselardit, etc. Juin. C.

S.   Reflexum. O. *Réfléchi.* Bords des vignes à Balma, lisière du bois de la Ramette du côté de Lardenne, sur les murs à Saint-Cyprien, etc. Juin, Juillet. (Se distingue de loin du suivant par ses fleurs d'un jaune vif.)

S.   Altissimum. O. *Elevé.* Rive droite du Canal, en face de l'allée Lafayette, murs en terre, coteaux de Pech-David, etc. Juin, Juilllet. CC.

IV. Sempervivum. Joubarbe.

S.   Tectorum. J. *Des toits.* Sur les vieux murs, à l'entrée de l'allée Saint-Michel, après la Pate-d'Oie, sur la route de Tournefeuille, etc. Juin, Août.

FAMILLE 33. — GROSSULARIÉES.

I. Ribes. Grosellier.

R.   Rubrum. G. *Commun.* Cultivé.
R.   Nigrum. G. *Casse.* Cultivé.

FAMILLE 34. — SAXIFRAGÉES.

I. Saxifraga. Saxifrage.

S.   Tridactylites. S. *A trois doigts.* Sur les vieux murs, dans les champs pierreux et les vignes de la rive droite de la Garonne, après l'embouchure du Canal, etc. Avril, Mai. C.

S.   Granulata. S. *Granulée.* Prairie du Polygone, de Casselardit, bois de la Ramette, etc. Avril, Mai. C.

FAMILLE 35. — OMBELLIFÈRES.

I. Pimpinella. Boucage.

P.   Saxifraga. B. *Saxifrage.* Je ne l'ai trouvé que dans un bois montueux à droite de la route de Puylaurent, avant d'arriver à Montauriol. Juillet, Août. RR.

P.   Magna. B. *A grandes feuilles.* Il est commun sur tous les bords du Touch, à Saint-Martin, dans le parc de M. de Solage, etc. Juillet, Août.

II. Seseli. Séséli.

S.   Saxifragum dc. var. β. *OEthusa bunius* dc. *Ptychotis heterophilla* (Duby.) Sur les premiers coteaux de Pech-David, dans les endroits où la terre est mouvante. Juin, Septembre. R.

Obs. Dans cette localité, les feuilles radicales de la plante ne sont nullement arrondies, et sont beaucoup plus divisées que dans mes échantillons des Alpes, ce qui me l'avait d'abord fait prendre pour le *Seseli elatum;* mais son fruit et ses feuilles caulinaires sont identiquement les mêmes que ceux du S. *Saxifragum.* J'ai vu la même plante dans l'herbier de Lapeyr., avec l'étiquette : *Seseli montanum ramis divaricatis;* mais il est impossible de la rapporter à cette espèce.

S.   Montanum. S. *De montagne.* Coteaux de Pech-David, bords du Canal, le long des berges sèches, etc. partout. Juillet, Octobre. CC.

III. OEnanthe. OEnanthe.

OE. Fistulosa. OE. *Fistuleuse.* Sur les bords du Canal. Juin, Juillet. C.

OE. Pimpinelloïdes. OE. *Pimprenelle.* Sur les bords du Canal, dans les bois, etc. Juin, Juillet. CC.

IV. Sium. Berle.

S.   Angustifolium. B. *A feuilles étroites.* Dans tous les

fossés pleins d'eau, au Port-Garaud, etc. Juin, Août. CC.
(Le nom de cette plante peut induire en erreur, car ses
feuilles sont assez larges.)

S.   Nodiflorum. B. *A ombelles sessiles* DC. *Helosciadium*
(Duby.) Dans les fossés pleins d'eau près du château de
Bourassol sur la route de Lardenne, etc. Juillet, Août. C.

V. Conium. Cigue.

C.   Maculatum. C. *Tachée* (Duby.) *Cicuta major* DC.
Bords du Canal devant les magasins à blé, le long du canal
de fuite du moulin du Bazacle, etc. Juin, Juillet. C.

VI. Ammi. Ammi.

A.   Majus. A. *A larges feuilles.* Dans les chaumes après
la moisson, etc., partout. Juillet, Septembre. CC.
A.   Glaucifolium. A. *A feuilles glauques.* Je ne l'ai
trouvé qu'une seule fois dans le fossé du chemin de Peyriole, après avoir passé la maison qui est près de l'écluse de
Bayard. Il ne diffère du précédent qu'en ce que les feuilles
inférieures sont découpées comme les supérieures, et pourrait bien n'en être qu'une var.

VII. Daucus. Carotte.

D.   Carotta. C. *Commune.* Vient partout dans les champs
et les prairies sèches. Juillet, Octobre. CC.

VIII. Caucalis. Caucalide.

C.   Grandiflora. C. *A grandes fleurs* DC. *Orlaya*
(Duby.) Dans les blés sur Pech-David, etc. Juin. R.
C.   Platicarpos. C. *A large fruit* DC. *Orlaya* (Duby.)
Trouvée une seule fois sur le bord d'un champ près de la
fontaine du Béarnais. Mai, Juin. RR.
C.   Daucoides. C. *A feuilles de carotte.* Dans les blés à
Calvinet, etc., partout. Mai, Juin. CC.
C.   Latifolia. C. *A larges feuilles* DC. *Turgenia* (Duby.)
Dans les blés, les champs, à Calvinet, etc., partout. Mai,
Juin. CC.

— 38 —

IX. Torilis. Torilis.

T.   Nodosa. T. *A fleurs latérales* (Duby.) *Caucalis nodiflora* dc. Aux bords des champs, des haies, etc. Juin, Août. C.

T.   Anthriscus. T. *Anthrisque* (Duby.) *Caucalis* dc. Le long des haies à Calvinet, etc. Juin, Séptembre. CC.

X. Choerophyllum. Cerfeuil.

C.   Temulum. C. *Penché*. Dans les haies du Jardin des Plantes, à Castanet. Juin, Juillet. RR.

XI. Anthriscus. Antrisque.

A.   Cerefolium. A. *Cerfeuil* (Duby.) *Chœrophyllum sativum* dc. Cultivé pour la cuisine.

A.   Vulgaris. A. *Commun* (Duby.) *Caucalis scandicina* dc. Derrière le parc de M. Raymond (chemin de Blagnac), dans le fossé au pied du mur. Mai, Juin. R.

XII. Scandix. Scandix.

S.   Pecten-Veneris. S. *Peigne de Vénus*. Dans les blés à Calvinet, etc. partout. Mai, Juin. CC.

XIII. Tordylium. Tordyle.

T.   Maximum. T. *Elevé* dc. *Condylocarpus* (Duby.) Dans les haies près de la rive gauche du Canal, un peu après avoir passé le pont des Minimes, etc. Juillet, Août. C.

XIV. Heracleum. Berce.

H.   Pyrenaïcum. B. *Des Pyrénées*. Var. *Herac. amplifolium* Lapeyr. (Fruit elliptique, pubescent.) Dans l'île de la Poudrerie, dans les ramiers de la Garonne au-dessus de Bracqueville. Juin. C.

Obs. Je l'ai toujours trouvée dans ces localités, à feuilles pinnatifides, jamais à feuilles simples.

XV. Ligusticum. Livèche.

L.   Silaus. L. *Silaüs* (Duby.) *Pencedanum* dc. Prés humides du Port-Garaud, et de la rive gauche de Lhers entre les ponts de Croix-Daurade et de Peyriole, etc. A^t. C.

XVI. Angelica. Angélique.

A.　Sylvestris. A. *Sauvage* (Duby.) *Imperatoria* dc. Ramiers de la Garonne, rive droite en face de la digue de Bracqueville, le long du chemin en descendant de Bauzelle, où elle s'élève à 2 ou 3 mètres de hauteur, etc. Jt S: C.

XVII. Peucedanum. Peucedane.

P.　Cervaria. P. *Des cerfs* (Duby.) *Selinum* dc. Sur le premier coteau de Pech-David, dans un bois taillis très-sec derrière Puybusque, etc. Août, Septembre.

XVIII. Petroselinum. Ache.

P.　Sativum. A. *Persil* (Duby.) *Apium petroselinum* dc. Cultivée dans les potagers, d'où il s'échappe souvent.

P.　Segetum. A. *Des blés* (Duby.) *Sium* dc. Dans les champs et les prés artificiels, à Calvinet, à Pech-David. Août, Septembre. R.

XIX. Apium. Céleri.

A.　Graveolens. C. *Odorant.* Cultivé pour la cuisine.

XX. Fœniculum. Fenouil.

F.　Officinale. F. *Officinal* (Duby.) *Anethum fœniculum* dc. Lieux secs, bords des routes, berges de Calvinet, etc. Juillet, Août. CC.

XXI. Pastinaca. Panais.

P.　Sativa. P. *Cultivé.* Sur les deux rives de la Garonne, dans les ramiers, etc. Juillet, Septembre. CC.

XXII. Smyrnium. Maceron.

S.　Olusastrum. M. *Commun.* Au bord des eaux qui sortent des aqueducs de la ville près de l'allée de Brienne, du côté droit, etc. Mai, Août. C.

XXIII. Buplevrum. Buplèvre.

B.　Rotundifolium. B. *Perfolié.* Dans les blés au pied de Pech-David, etc. Juin, Juillet. C.

B.   Tenuissimum. B. *Menu.* Abondant au Polygone autour du redan. Août, Septembre.

XXIV. Sanicula. Sanicle.

S.   Europoea. S. *D'Europe.* Bois ombragés et frais à Vieille-Toulouse, à Puybusque. Mai, Juin.

XXV. Eryngium. Panicaut.

E.   Campestre. P. *Chardon-Rolland.* Dans les champs, les lieux incultes, partout. Juillet, Août. CC.

FAMILLE 36. — CAPRIFOLIACÉES.

I. Hedera. Lierre.

H.   Helix. L. *Grimpant.* Sur les vieilles murailles des enclos. Septembre, Octobre.

II. Cornus. Cornouiller.

C.   Sanguinea. C. *Sanguin.* Dans les haies à Calvinet, sur les bords de la Garonne, etc. Mai, Juin.

III. Sambucus. Sureau.

S.   Ebulus. S. *Yèble.* Au bord des chemins, des champs argileux. Juin, Juillet. CC.

S.   Nigra. S. *Noir.* Dans les haies, les clôtures. J. J[t].

IV. Viburnum. Viorne.

V.   Tinus. V. *Laurier-Tin.* Naturalisé dans beaucoup de clôtures, fleurit presque toute l'année.

V.   Lantana. V. *Mancienne.* Bois de la Ramette, rive gauche du Touch entre le pont de Blagnac et le premier moulin, etc. Avril, Mai. R.

V.   Opulus. V. *Obier.* Petit ramier de la grande île du moulin du Château, du côté de l'ancien lit de la Garonne. Mai, Juin. RR.

V. Lonicera. Chevrefeuille.

L.   Caprifolium. C. *Des jardins.* A Puybusque dans les haies le long du ravin, etc. Juin, Juillet. C.

— 41 —

L.   Peryclimenum. C. *Des bois.* Bois de Balma , bords
ombragés du Touch , etc. Juin, Juillet. C.

L.   Xylosteum. C. *Des haies.* Dans les haies au pied des
coteaux de Pech-David , sur les bords du Touch, etc. M. J.

VI. Viscum. Guy.

V.   Album. *Guy blanc.* Parasite sur les vieux pommiers.
(Je l'ai vu une seule fois à Puybusque.) Mars , Avril.

FAMILLE 37. — RUBIACÉES.

I. Rubia. Garance.

R.   Peregrina. G. *Voyageuse.* Dans les haies au pied de
Pech-David , à Balma, etc. Juin, Juillet. C.

II. Galium. Gaillet.

G.   Cruciata. G. *Croisette.* Le long des haies dans les lieux
ombragés, à gauche de la butte du Polygone , etc. Av. M. C.

G.   Verum. G. *Jaune.* Dans les pâturages secs, au bord
des chemins , entre la route de Muret et la Garonne, etc.
Juin , Juillet.

G.   Anglicum. G. *D'Angleterre.*(Fleurs verdâtres, fruit
glabre.) Au Polygone au pied du champ de manœuvre ,
sur la lisière du bois de la Ramette du côté de Lardenne, etc.
Juin.(Cette plante n'est-elle qu'une var. du *G Parisiense*
lin. ?)

G.   Loeve. G. *Lisse.* Bords du Canal, prairies de la plaine
de Casselardit, bois de la Ramette, etc. Mai, Juin. C.

Obs. Plusieurs auteurs réunissent à cette espèce comme
var., les *G. Supinum* et *G. Bocconi* (dc. Duby.) Le
dernier , qui est pubescent dans le bas , se trouve aussi dans
le bois de la Ramette.

G.   Glaucum. G. *Glauque.* Très-abondant sur les coteaux
arides de Pech-David. Mai , Juin.

G.   Mollugo. G. *Mollugine.* Dans les prés des îles du
moulin du Château, le long des haies, etc., partout.
Mai , Juin. CC. (Le *G. Erectum* diffère-t-il de cette
espèce ?)

G.   Palustre. G. *Des marais.* Dans les joncs qui bordent le Canal, dans les prés marécageux près de la tuilerie de Bourassol, etc. Mai, Juin. C.

G.   Uliginosum. G. *Fangeux.* Il vient en abondance le long d'un ruisseau de fontaine qui traverse une petite prairie marécageuse située au-delà de la tuilerie de Bourassol, à l'entrée de la plaine de Casselardit. Je ne l'ai vu que là. (Ses fleurs sont assez grandes et un peu campanulées.) Juin, Juillet.

G.   Tricorne. G. *A trois cornes.* Il vient partout dans les moissons, à Calvinet, etc. Mai, Juin. CC.

G.   Litigiosum. G. *En litige.* G. *Parisiense* lin. (Fleurs rougeâtres, fruits hérissés de poils roides.) Grand gravier de la rive gauche de la Garonne, depuis long-temps abandonné des eaux, un peu au-dessous de Portet. (Cette espèce doit-elle être réunie au G. *Anglicum?*

G.   Aparine. G. *Gratteron.* Vient partout dans les haies, au pied de Calvinet, etc. Mai, Juillet. CC.

III. Asperula. Aspérule.

A.   Odorata. A. *Odorante.* Sur la lisière ombragée d'un petit bois à Sainte-Agne, à droite de la campagne du receveur général. Mai, Juin. RR.

A.   Cynanchica. A. *A l'Esquinancie.* Sur les coteaux arides de Pech-David., etc. Juin, Août. C.

A.   Arvensis. A. *Des champs.* Dans les blés sur Pech-David, etc. Mai, Juin.

IV. Sherardia. Shérarde.

S.   Arvensis. S. *Des champs.* Dans les pâturages, au bord des chemins, partout. Mai, Août. CC.

V. Crucianella. Crucianelle.

C.   Angustifolia. C. *A feuilles étroites.* Champ très-escarpé du premier coteau de Pech-David., lisière du bois de la Ramette du côté de Lardenne. Juin. R.

FAMILLE 38. — VALÉRIANÉES.

I. VALERIANELLA. MACHE.

V. OLITORIA. *Mâche commune.* Bords sablonneux de la Garonne, entre l'embouchure du Canal et Blagnac. Mars, Juin. C.

V. CARINATA. M. *Carénée.* Vignes près de la rive gauche du Touch au-dessus de Tournefeuille. Mars, Avril. (Est-ce une simple var. de la précédente?)

V. DENTATA. M. *Dentée.* Cette espèce est commune dans les blés, les champs, etc. Avril, Juin.

V. ERIOCARPA. M. *A fruit velu.* Champs et berges sablonneux de la rive gauche de la Garonne, entre Bracqueville et Portet. Mai, Juin. C.

V. CORONATA. M. *Couronnée.* Champ sablonneux derrière les hauteurs de Calvinet, touchant l'enclos de M. Maurice, etc. Mai, Juin. C.

Obs. La V. *Hamata* pourrait bien n'être qu'une var. de cette dernière, comme la V. *Mixta* une var. de l'*Eriocarpa.*

II. CENTRANTHUS. CENTRANTE.

C. LATIFOLIUS. C. *A larges feuilles* (Duby.) C. *Ruber* DC. Cultivé dans les jardins, d'où il s'échappe quelquefois.

III. VALERIANA. VALÉRIANE.

V. OFFICINALIS. V. *Officinale.* Au Port-Garaud le long des haies, sur les bords du canal de fuite du moulin du Bazacle, etc. Juin, Juillet. C.

FAMILLE 39. — DIPSACÉES.

I. SCABIOSA. SCABIEUSE.

S. ATROPURPUREA. S. *Veuve.* Cultivée dans les jardins.

S. CALYPTOCARPA. S. *A fruit enveloppé.* (Chaubard *in Fl. ag.*) *Maritima* VILL. (Duby?) Le long des chemins à Calvinet et dans tous les lieux secs. Juin, Août. CC. (Réceptacle, allongé, subulé. — Membrane repliée en dedans,

et non étalée comme dans la *Columbaria*. — Etoile
débordant le calice (1). On la distingue au premier coup
d'œil de la Colombaire par ses têtes défleuries plus allon-
gées, et absolument semblables à celles de l'espèce précédente. (Cette plante existe dans l'herbier de LAPEYR,
où elle est désignée comme var. de la *Gramuntia*.)

S. SUCCISA. S. *Succise.* Dans les prés humides, au Polygone, sur la rive gauche de la Garonne après Saint-
Cyprien, etc. Août, Septembre. C.

S. COLUMBARIA. S. *Colombaire.* Dans la grande île
du moulin du Château, etc. Juin, Juillet. Cette espèce
est beaucoup moins commune à Toulouse que la seconde.

S. ARVENSIS. S. *Des champs* DC. *Knautia* (Duby.)
Champs sur les hauteurs de Calvinet, etc. Il en vient
une var. remarquable dans les prairies du Port-Garaud.
Juin, Juillet.

II. DIPSACUS. CARDÈRE.

D. SYLVESTRIS. C. *Sauvage.* Le long des chemins, partout.
Juillet, Août. CC.

FAMILLE 40. — COMPOSÉES.

TRIBU I. — CORYMBIFÈRES.

I. EUPATORIUM. EUPATOIRE.

E. CANNABINUM. E. *A feuilles de chanvre.* Au bord des
eaux, le long de la Garonne, partout. Juillet, Août. CC.

II. TUSSILAGO. TUSSILAGE.

T. FARFARA. T. *Pas-d'Ane.* Au-delà du Canal, dans les
fossés près de l'écluse du Béarnais, sur les bords de Lhers
entre les ponts de Croix-Daurade et de Peyriole, etc.
Mars, Avril.

T. FRAGRANS. T. *Odorant.* Cultivé dans les jardins, où
il se propage de lui-même.

---

(1) Je me sers à dessein des termes de Villars, qui me semble
avoir bien décrit notre plante.

III. Senecio. Seneçon.

S. **Jacoboea.** S. *Jacobée.* Dans la prairie vieille du Polygone, etc. Mai, Juin. C.

S. **Aquaticus.** S. *Aquatique.* Bords du Touch depuis le pont de Tournefeuille jusqu'à celui de Blagnac. Juillet, Août. C. (Se distingue du précédent par son involucre arrondi.)

S. **Erucoefolius.** S. *A feuilles de roquette.* Cette espèce, très-voisine de la Jacobée, fleurit ici environ deux mois plus tard ; elle vient à Pech-David dans les endroits un peu humides, et surtout au bord de la Garonne sur la rive droite à Vieille-Toulouse, et sur la rive gauche au-dessus de Bracqueville. Août, Octobre. C.

S. **Vulgaris.** S. *Commun.* Vient partout dans les cultures, et fleurit presque toute l'année.

IV. Chrysocoma. Chrysocome.

C. **Linosiris.** C. *A feuilles de lin.* Abondant sur les premiers coteaux de Pech-David. Septembre, Octobre.

V. Aster. Aster.

A. **Chinensis.** A. *Reine-Marguerite.* Cultivé dans les jardins.

VI. Erigeron. Vergerette.

E. **Canadense.** V. *Du Canada.* Dans les cours, le long des chemins, dans les cultures, partout. Juin, Août. CC.

E. **Acre.** V. *Acre.* Berges du Canal sur la rive droite entre l'écluse de Bayard et le faubourg Saint-Etienne, atterrissement de la Garonne au-dessus de Bracqueville, etc. Juin, Août. C.

VII. Solidago. Verge d'or.

S. **Graveolens.** V. *Fétide.* Dans les chaumes au Polygone, dans la plaine de Saint-Martin du Touch, etc. Août, Septembre. C.

S. **Virga-Aurea.** V. *Commune.* Abondante dans la forêt de Bouconne du côté de Léguevin. Juillet, Août.

VIII. BELLIS. PAQUERETTE.

B.   PERENNIS. P. *Vivace*. Dans les prés, les lieux herbeux, partout. Fleurit presque toute l'année.

IX. CONYZA. CONYZE.

C.   AMBIGUA. C. *Ambiguë*. Partout dans les cultures et au bord des chemins, pèle-mêle avec l'*Erigeron canadense*, auquel il ressemble à la première vue. Juin, Septembre. CC.

C.   SQUARROSA. C. *Rude*. Escarpemens des premiers coteaux de Pech-David, etc. Juillet, Août. C.

X. INULA. AUNÉE.

I.   DYSENTERICA. A. *Dysentérique*. Au bord des fossés au Port-Garaud, le long des haies, etc. Juin, Août. CC.

I.   PULICARIA. A. *Pulicaire*. Au Polygone dans les lieux inondés l'hiver, dans les fossés de la route de Grenade après Blagnac, etc. Juillet, Septembre. C.

XI. GNAPHALIUM. GNAPHALE.

G.   LUTEO-ALBUM. G. *Jaunâtre*. Sur les bords de la Garonne, en face de la digue de Bracqueville, etc. Juin, Août. C.

G.   ULIGINOSUM. G. *Des marais*. Lieux fangeux inondés l'hiver, autour des fossés du redan au Polygone, etc. Août, Septembre.

G.   GALLICUM. G. *De France*. Champs pierreux au Polygone, dans la plaine située entre le chemin de Blagnac et celui qui part de l'écluse du Béarnais, etc. Jt. Sept.

G.   GERMANICUM. Champs secs, bords des chemins, des routes, partout. Juin, Juillet. CC.

G.   MONTANUM. G. *De Montagne*. Lisière du bois de la Ramette du côté de Lardenne. Juin, Juillet. RR.

XII. ELICHRYSUM. ELICHRYSE.

E.   STOECHAS. E. *Dorée*. Rive gauche de la Garonne au-dessous de Portet. Juin, Juillet. R.

XIII. Buphthalmum. Buphthalme.

B. Spinosum. B. *Epineux*. Berges arides des hauteurs de Calvinet, etc. Juin, Juillet. C.

XIV. Chrysanthemum. Chysanthème.

C. Leucanthemum. C. *Grande Marguerite*. Coteaux de Pech-David à Pourville, etc. Mai, Juin. C.

C. Parthenium (Duby.) *Pyrethrum* DC. Cultivé dans les jardins, d'où il s'échappe quelquefois.

C. Corymbosum. C. *En corymbe* (Duby.) *Pyrethrum* DC. Escarpemens du deuxième coteau de Pech-David. Juin, Juillet.

C. Inodorum. C. *Inodore* (Duby.) *Pyrethrum* DC. Atterrissemens de la Garonne, un peu au-dessus du château de Gounon, dit *la Poudrette*, rive droite après l'embouchure du Canal. Juin, Juillet. R. (Cette espèce a de la ressemblance avec la *Matricaire*; mais ses graines sont un peu couronnées.)

C. Segetum. C. *Des blés*. Je l'ai trouvé une seule fois au bord du Canal près du premier magasin à blé de Saint-Etienne. Juin.

XV. Matricaria. Matricaire.

M. Chamomilla. M. *Camomille*. Dans les champs, les pépinières, à Calvinet, etc. Mai, Septembre. CC.

XVI. Anthemis. Camomille.

A. Altissima. C. *Elevée* dans des terrains gras, sur les hauteurs de Calvinet, etc. Juin. C. (Les fleurs sont très-grandes dans cette espèce.)

A. Cotula. C. *Fétide*. Dans les champs, les cours, les blés (*Pestis segetum*), partout. Mai, Juin. CC.

A. Mixta. C. *Mixte*. Dans les champs secs, au bord des routes du Polygone, de Lardenne, etc. J., A^t. CC.

A. Nobilis. C. *Romaine*. Au bord des chemins pierreux et très-secs de Lardenne près de la Ramette, de Colommiers, en montant au château de l'*Armurier*. Juillet,

Août. R. (Cette espèce exhale une odeur suave de Ser.
pollet.)

A.   ARVENSIS. C. *Des champs.* A Lardenne avant d'arriver à la Ramette, dans les vignes du château de *Lagrange* à la Ramette, dans les champs de la rive droite
de la Garonne entre l'embouchure du Canal et le bac de
Blagnac. Juin, Août. Cette espèce n'est pas très-commune ici.

XVII. ACHILLEA. ACHILLÉE.

A.   PTARMICA. A. *Sternutatoire.* Lieux humides et herbeux d'un petit bois de Colommiers à droite du château
de l'*Armurier.* Juillet, Août. Je ne l'ai vue que là.

A.   MILLEFOLIUM. A. *Millefeuille.* Cette espèce vient
partout. La var. à fleurs roses sur les coteaux de Vieille-
Toulouse, etc. Juin, Août. CC.

XVIII. ARTEMISIA. ARMOISE.

A.   CAMPESTRIS. A. *Des champs.* Sur les rives de la
Garonne, à Pech-David où elle prend un développement
prodigieux et le port d'un arbrisseau. Août, Sept. C.

A.   DRACUNCULUS. A. *Estragon.* Cultivée pour la cuisine.

A.   VULGARIS. A. *Commune.* Sur les bords de la Garonne, le long des haies, etc. Août, Septembre. C.

XIX. TANACETUM. TANAISIE.

T.   VULGARE. T. *Commune.* A Castanet au bord de la
grande route, presque en face de la poste aux chevaux.
(Sauvage ou échappée des jardins ?) Juillet, Août. RR.

XX. XANTHIUM. LAMPOURDE.

X.   STRUMARIUM. L. *Glouteron.* Bords de la Garonne,
en face de la ferme des îles du moulin du Château, le
long des chemins, des champs. Juillet, Août. C.

X.   SPINOSUM. L. *Epineuse.* Le long des routes, dans
les fossés, partout. Août, Octobre. CC.

XXI. HELIANTHUS. HÉLIANTHE.

H.   ANNUUS. H. *Tournesol.* Cultivé dans les jardins, où
il se sème et se répand de lui-même.

H.   TUBEROSUS. H. *Topinambour.* Cultivé dans les jardins, d'où il s'échappe souvent. Je l'ai trouvé plusieurs
fois dans les broussailles de la prairie du cours Dillon. A^t.

XXII. BIDENS. BIDENT.

B.   TRIPARTITA. B. *Trifolié.* Sur les bords du Canal, etc.
Septembre, Octobre. CC.

B.   CERNUA. B. *Penché.* Rive droite de la Garonne, dans
les petits îlots souvent inondés en face de la grande île
du moulin du Château, près de la Traille. Sep. O. R.

XXIII. CALENDULA. SOUCI.

C.   ARVENSIS. S. *Des champs.* Bords du Canal, près de
l'écluse du Béarnais, au Polygone, etc. CC. Fleurit
presque toute l'année.

C.   OFFICINALIS. S. *Des jardins.* Cultivé, se sème de
lui-même.

TRIBU II. — CYNAROCÉPHALES.

XXIV. LAPPA. BARDANE.

L.   GLABRA. *Bardane* à grosses têtes (Duby.) L. *Major*
DC. Le long des chemins, au bord du Touch, à Saint-
Martin vis-à-vis du parc de M. de Solage. Juin, Août. R.
(Il faut très-probablement réunir à cette espèce comme
var., les *Lappa minor* et L. *Tomentosa* DC.

XXV. ONOPORDON. ONOPORDE.

O.   ACANTHIUM. O. *Acanthe.* Le long des chemins, partout. Juin, Juillet. CC.

XXVI. CARDUUS. CHARDON.

C.   MARIANUS. C. *Marie* (DC.) *Silibum* (Duby.) Berges escarpées à droite du chemin de Peyriole, avant que
ce chemin coupe les dernières hauteurs de Calvinet, etc.
Mai, Juin. C.

C.   NUTANS. C. *Penché.* Route de Lardenne à gauche en
montant la côte près du château de *Bourassol*, rive
droite de la Garonne, en face du territoire de Blagnac, etc. Mai, Juillet. C.

C.   Tenuiflorus. C. *A fleurs menues.* Au bord des chemins, dans les fossés, etc. Mai, Juin. CC.

XXVII. Serratula. Sarrette.

S.   Tinctoria. S. *Des teinturiers.* Dans tous les bois des environs de Toulouse, sur les bords du Touch, un peu au-dessus du pont de Blagnac, à Colommiers, etc. Août, Septembre. CC.

XXVIII. Circium. Cirse.

C.   Palustre. C. *Des marais.* Rive gauche de la Garonne après avoir passé la fontaine de *Bourassol*, et un peu plus loin dans la propriété dite de *Menerie*, etc. Mai, Juin. C.

C.   Lanceolatum. C. *Lancéolé.* Le long des chemins et des routes, au bord de la Garonne au pied des hauteurs de Pech-David, etc. Juillet, Août. C.

C.   Eriophorum. C. *Laineux.* Sur les deux rives de la Garonne, à Vieille-Toulouse dans le ravin, etc. Juillet, Août. C.

C.   Arvense. C. *Des champs* (Chardon hémorrhoïdal.) Dans les champs, les cultures, partout. Juin, Juillet. CC.

C.   Acaule. C. *Nain.* Bords de la route de Puylaurent, en descendant dans la vallée après l'embranchement de la route de Caraman, etc. Août, Septembre.

C.   Bulbosum. C. *Bulbeux.* Rive gauche du Canal, un peu avant d'arriver au Petit-Espinet. Juin. R.

XXIX. Cynara. Artichaut.

C.   Cardunculus. A. *Cardon.* Cultivé pour la cuisine.
C.   Scolymus. A. *Commun.* Cultivé pour la cuisine.

XXX. Galactites. Galactite.

G.   Tomentosa. G. *Cotonneuse.* Au bord des chemins à Calvinet, etc., partout. Juin, Septembre. CC.

XXXI. Centaurea. Centaurée.

C.   Jacea. C. *Jacée.* Dans les prés, sur les bords du Canal, etc. Juin, Juillet. CC.

C.   Nigra. C. *Noire.* Abondante aux abords de la forêt de Bouconne du côté de Léguevin. Juillet, Août.

C.   Cyanus. C. *Bleuet.* Dans les blés, les champs, partout. Mai, Juillet. CC.

C.   Scabiosa. C. *Scabieuse.* Dans les blés au pied du premier coteau de Pech-David. Juin. R.

C.   Aspera. C. *Rude.* Je l'ai trouvée dans les champs au Polygone, où les graines sont venues sans doute avec des blés du Midi. Août. RR.

C.   Solstitialis. C. *Du solstice.* Dans les chaumes après la moisson. Juillet, Septembre. CC.

C.   Calcitrapa. C. *Chausse-Trape.* Au bord de tous les chemins. Juillet, Septembre. CC.

C.   Lanata. C. *Laineuse* (DC.) *Kentrophyllum* (Duby.) Le long des chemins, dans les champs, partout. Juin, Août. CC.

XXXII. Carlina. Carline.

C.   Vulgaris. C. *Vulgaire.* Escarpement du premier coteau de Pech-David , bord des chemins à Colommiers , etc. Juillet, Août. C.

C.   Corymbosa. C. *En corymbe.* Au bord du chemin qui couronne le premier coteau de Pech-David. Cette espèce est plus rare que la précédente. Juillet, Août.

XXXIII. Xeranthemum. Immortelle.

X.   Inapertum. I. *Fermée.* Dans les champs sur Pech-David, etc. Juillet, Août.

TRIBU III. — CHICORACÉES.

XXXIV. Scolymus. Scolyme.

S.   Hispanicus. S. *D'Espagne.* Au bord des chemins, des champs, partout. Juillet. Août. CC.

XXXV. Urospermum. Urosperme.

U.   Dalechampii. U. *De dalechamp.* Sur les bords du Canal, dans les prés, partout. Mai, Juillet. CC.

XXXVI. Sonchus. Laitron.

S.   Oleraceus. L. *Des lieux cultivés.* Dans les jardins, les cultures, partout. Mai, Septembre. CC.

S.   Tenerrimus. L. *Délicat.* Sur toutes les vieilles murailles de Toulouse, où il fleurit sept à huit mois de l'année. CC. Cette espèce se répand peu au dehors.

XXXVII. Lactuca. Laitue.

L.   Sativa. L. *Cultivée.* On en cultive plusieurs variétés dans les potagers.

L.   Virosa. L. *Vireuse.* Dans les chaumes, au bord des chemins, partout. Juin, Août. CC. (La L. *Sylvestris,* qui a les feuilles plus dressées et plus sinuées, est-elle bien une espèce distincte? On trouve ici des individus intermédiaires qui permettent le doute à cet égard.)

L.   Saligna. L. *A feuilles de saule.* Au bord des chemins dans les lieux secs, à Calvinet, etc. Juillet, Août. C.

XXXVIII, Chondrilla. Chondrille.

C.   Juncea. C. *Effilée.* Dans les champs pierreux, au bord des chemins, des haies, à Calvinet, etc. Juillet, Septembre. CC.

XXXIX. Prenanthes. Prénanthe.

P.   Pulchra. P. *Elégant* (DC. Duby.) *Crepis* LIN. *Sclerophyllum* (Gaudin.) Le long des berges humides derrière Calvinet, sur la rive droite de la Garonne au pied des coteaux de Vieille-Toulouse, le long du chemin, etc. Dans les terrains très-gras. Juin.

XL. Lampsana. Lampsane.

L.   Communis. L. *Commune.* Lieux frais le long des haies, dans le fossé derrière le Canal, en face de l'allée Lafayette, etc. Mai, Juin. C.

L.   Minima. L. *Fluette.* Dans les blés des parties défrichées du bois de la Ramette, près du château de Lagrange. Juin. R.

XLI. Rhagadiolus. Rhagadiole.

R.   Stellatus. R. *Etoilée.* Je l'ai trouvée dans un champ sur le dernier coteau de Calvinet, du coté du chemin de Peyriole. Mai. R.

XLII. Barkhausia. Barkhausie.

B.   Fœtida. B. *Fétide.* Lieux incultes et arides, aux bords des chemins à Calvinet, etc. Juin, Septembre. C. (Les feuilles froissées entre les doigts exhalent une forte odeur d'amande amère.)

B.   Taraxacifolia. B. *A feuilles de pissenlit (Crepis tectorum* vill.) Dans les champs pierreux derrière le Busca, dans les prés artificiels. Mai, Juin. CC. Cette espèce ressemble à la *Crépide bisannuelle,* que je n'ai pas vue ici, et dont on ne peut bien la distinguer que par les aigrettes de ses graines pédicellées à la maturité.

XLIII. Pterotheca. Ptérothèque.

P.   Nemausensis. P. *De Nîmes* (Duby.) *Andryala* dc. Cette espèce devrait plutôt porter le nom de Toulouse, dont elle jaunit les champs et les prés artificiels au printemps; elle fleurit au reste jusqu'en automne.

XLIV. Crepis. Crépide.

C.   Virens lin. C. *Verte.* Dans les champs au Polygone, au bord des prés artificiels de la rive droite de la Garonne, près du bac de la grande île du moulin du Château, etc. (Été). On peut réunir en var. à cette espèce, les C. *Diffusa* et *Stricta* dc. Duby. Ce genre, au reste, est tellement embrouillé dans les auteurs, qu'on a peine à s'y reconnaître.

XLV. Taraxacum. Pissenlit.

T.   Dens leonis. P. *Dent de lion.* Partout dans les prés, les lieux herbeux, etc. Avril, Septembre. CC.

XLVI. Helminthia. Helmintie.

H.   Echioides. H. *Vipérine.* Au bord des haies et des

fossés pleins d'eau stagnante, au Port-Garaud, au-delà de la fontaine du Béarnais, etc. Juin, Juillet. C.

XLVII. PICRIS. PICRIDE.

P. HIERACIOIDES. P. *Epervière.* Dans les prés artificiels, les champs après la moisson, au bord du Canal entre l'allée Lafayette et les premiers magasins de Saint-Etienne, etc. Juillet, Août. C.

XLVIII. HIERACIUM. EPERVIÈRE.

H. PILOSELLA. E. *Piloselle.* Premier coteau de Pech-David, rive droite du Canal en face de l'allée Lafayette. Mai, Juillet. C.

H. AURICULA. E. *Auricule.* Prairies humides de Pibrac sur les bords de l'Aussonnelle. Avril, Mai. R.

H. UMBELLATUM. E. *En ombelle.* Taillis de chêne à Colommiers près du château de l'*Armurier*, dans les bois près de Montauriol sur la route de Puylaurent, etc. Août, Septembre. C.

H. INTERMEDIUM LAPEYR. Var. H. MURORUM, *an* var. H. *Sylvaticum* (DC.?) Cette plante tient en effet le milieu entre ces deux espèces; elle vient abondamment dans les bois de Vieille-Toulouse et de Puybusque. Mai, Juillet.

XLIX. DREPANIA. DRÉPANIE.

D. BARBATA. D. *Barbue. Crepis* LIN. Dans les lieux secs et pierreux, au Polygone, etc. Juin, Août. C.

L. ANDRYALA. ANDRYALE.

A. INTEGRIFOLIA. A. *A feuilles entières.* Dans tous les lieux secs, derrière le Busca, au Polygone, etc. Juin, Septembre. CC. (Cette plante n'a pas les feuilles entières; mais elle est ainsi nommée par opposition aux autres espèces, qui ont les feuilles plus sinuées qu'elle.

LI. HYPOCHOERIS. PORCELLE.

H. RADICATA. P. *A longue racine.* Au Polygone derrière la butte, sur les bords du Canal, etc. Mai, Septembre. C.

H. GLABRA. P. *Glabre.* Champs des parties défrichées du

bois de la Ramette près du château de *Lagrange.* Juillet,
Août. Je ne l'ai vue que là.

LII. Tragopogon. Salsifix.

T. Pratense. S. *Des prés.* Prairies des bords de Lhers
à Peyriole, des bords du Touch près du pont de Tournefeuille, etc. Mai.

T. Majus. S. *A gros pédoncule.* Le long des chemins et
des vignes du deuxième coteau de Pech-David en face
de la ferme de Bracqueville. Juin.

T. Porrifolium. S. *A feuilles de poireau.* (Fleurs
bleues,) Dans les prairies de Castanet au bord du Canal.
— Cultivé pour la cuisine. Juin.

LIII. Thrincia. Thrincie.

T. Hirta. T. *Hérissée* dc. Duby. *Leontodon Villarsii*
Lapeyr. (Vu dans son herbier.) Lieux frais et herbeux,
derrière la butte du Polygone, sur les bords de la Garonne,
dans les prairies humides près de la fontaine de Bourassol, etc. Juillet, Septembre. CC.

T. Hispida. T. *Velue.* Bords du ruisseau des Vaches, à
sa sortie de la Ramette, champs des parties défrichées
de ce bois. Juillet, Septembre.

Obs. A moins que ces deux plantes ne soient réellement
distinctes par la durée de leur racine, je pencherais à les
réunir ; car j'ai des échantillons intermédiaires qui tiennent
de l'une et de l'autre. Dans les deux, au reste, on trouve
des têtes de fleurs dont toutes les graines ont leurs aigrettes
complètes, ce qui ferait croire que le caractère du genre
n'est pas invariable.

LIV. Leontodon. Liondent.

L. Hispidum. L. *Hérissé.* Terrains sablonneux, bords de
la Garonne dans la grande île du moulin du Château,
rive droite du Canal du pont des Demoiselles au Grand-
Espinet, etc. Mai, Juin. C.

LV. Podospermum. Podosperme.

P. Laciniatum. P. *Rude.* Le long du Canal, au bord des champs, etc., partout. Mai, Juillet. C.

LVI. Scorzonera. Scorzonère.

S. Hispanica. S. *D'Espagne.* Cultivée pour la cuisine.

LVII. Hyoseris. Hyoséride.

H. Hedypnois (Duby.) Var. γ. *Rhagadioloides involucris hirtis* dc. Bords secs du chemin de halage du Canal, entre le pont des Minimes et l'écluse du Béarnais, champs de la rive gauche du Canal, en face de la même écluse. Mai, Juin.

LVIII. Cichorium. Chicorée.

C. Intybus. C. *Sauvage.* Champs maigres, lieux incultes, partout. Juillet, Août. CC.

C. Endivia. C. *Endive.* On en cultive plusieurs variétés dans les potagers.

FAMILLE 41. — CAMPANULACÉES.

I. Jasione. Jasione.

J. Montana. J. *De montagne.* Bois de la rive droite du Touch, un peu au-dessus du pont de Blagnac, au bord de tous les champs pierreux depuis la plaine de Saint-Martin jusqu'au bois de la Ramette inclusivement. Mai, Septembre. C.

II. Phyteuma. Raiponce.

P. Spicata. R. *En épi.* Forêt de Bouconne. M. J. R.

III. Prismatocarpus. Prismatocarpe.

P. Speculum. P. *Miroir de Vénus.* Partout dans les blés. Mai, Juin. CC.

P. Hybridus. P. *Bâtard.* Dans les champs de la rive droite de la Garonne après l'embouchure du Canal, etc. Mai, Juin. Cette espèce est plus rare que la précédente.

IV. Campanula. Campanule.

C. Glomerata. C. *Agglomérée.* Lisière des bois des coteaux de Pech-David et de Vieille-Toulouse, etc. J. J^t.

C. Trachelium. C. *Gantelée.* Rive gauche du Touch, un peu au-dessous du pont de Saint-Martin, etc. Juin. R. (A fleurs bleues et à fleurs blanches.)

C. Rapunculus. C. *Raiponce.* Le long des haies, au bord des vignes, à Lardenne. Mai, Juillet. C.

C. Persicifolia. C. *A feuilles de pêcher.* Var. γ. *Calice hispido* DC. Cette variété est remarquable par la quantité de poils blancs très-serrés qui couvrent son calice. On a souvent fait des espèces pour des différences moindres que celle-là. Elle vient en abondance sur les côtes de Pech-David et de Vieille-Toulouse. Juin, Juillet.

C. Patula. C. *Etalée.* Dans les ramiers de la Garonne, dans les broussailles au bord du chemin en montant à Vieille-Toulouse, etc. Juin, Juillet. C.

C. Rotundifolia. C. *A feuilles radicales rondes.* Je l'ai trouvée une seule fois près de la rive droite de la Garonne, en face du barrage de Bracqueville. J. RR.

C. Erinus. C. *Erine.* Dans les champs et les vignes au-dessus de Pech-David, et sur la rive droite de la Garonne, entre l'embouchure du Canal et le bac de Blagnac. J. J^t. C.

Obs. La C. *Pyramidalis*, qu'on cultive beaucoup à Toulouse, se sème d'elle-même, et vient jusque sur les murs d'enceinte du Jardin des Plantes.

FAMILLE 42. — ÉRICINÉES.

I. Erica. Bruyère.

E. Vulgaris. B. *Commune* LIN. (*Calluna erica* DC. Duby.) Dans tous les bois taillis, à Colommiers, la Ramette, etc. Juin, Août. C.

E. Scoparia. B. *A balais.* Bois à Colommiers, à la Ramette, etc. Mai, Juin. C.

Obs. Feu M. Lapeyrouse fils m'a assuré avoir cueilli aussi l'*Erica vagans*, au bois de la Ramette, où je n'ai pu la retrouver.

SOUS-CLASSE III. COROLLIFLORES.

FAMILLE 43. — JASMINÉES.

I. Olea. Olivier.

O. Europoea. O. *D'Europe.* N'est cultivé à Toulouse que dans les jardins.

II. Ligustrum. Troène.

L. Vulgare. T. *Commun.* Dans les haies au pied de Calvinet, etc. Mai, Juin. C.

III. Jasminum. Jasmin.

J. Officinale. J. *Commun.* Cultivé dans les jardins, ainsi que le J. *Fruticans* à fleurs jaunes.

IV. Lilac. Lilas.

L. Vulgaris. L. *Commun.* Cultivé dans les jardins et bosquets, ainsi que le L. *Persica.*

V. Fraxinus. Frêne.

F. Excelsior. F. *Elevé.* Aime les lieux frais et un peu humides. Avril. C.

F. Florifera. F. *A fleurs.* F. *A la manne.* Cultivé. Avril, Mai.

FAMILLE 44. — APOCYNÉES.

I. Cynanchum. Cynanque.

C. Vincetoxicum. C. *Dompte-venin* (Duby.) *Asclepias* DC. Bois de Colommiers, de la Ramette, etc. J. J^t. C.

II. Vinca. Pervenche.

V. Major. P. *A grande fleur.* Dans les haies, le long des chemins à Lardenne, etc. Avril, Mai. R.

FAMILLE 45. — GENTIANÉES.

I. CHLORA. CHLORE.

C. PERFOLIATA. C. *Perfoliée.* Berge élevée de la rive droite du Canal, un peu au-dessous du pont de Guille-mery, etc. Juin, Juillet. C.

II. GENTIANA. GENTIANE.

G. PNEUMONANTHE. G. *Pneumonanthe.* Dans les friches tourbeuses à Montauriol, sur la route de Puylaurent. Août, Septembre. R.

III. CHIRONIA. CHIRONIE.

C. CENTAURIUM. C. *Petite centaurée.* Derrière la butte du Polygone, etc. Mai, Septembre. C.

IV. EXACUM. EXACUM.

E. CANDOLLII. E. *De Candolle.* Abondant dans les mares desséchées du bois de Bouconne du côté de Léguevin. Juillet, Août. (Feuillage glauque, sépales droits, fleur rose étant fraîche ; devient jaune par la dessication. N'est sans doute qu'une variété de l'E. *Pusillum.*)

FAMILLE 46. — CONVOLVULACÉES.

I. CONVOLVULUS. LISERON.

C. SEPIUM. L. *Des haies.* Dans les ramiers de la Garonne, les haies, etc. Juin, Juillet. CC.

C. ARVENSIS. L. *Des champs.* Dans les blés, les champs, partout. Juin, Juillet. CC.

II. CUSCUTA. CUSCUTE.

C. MAJOR. C. *A grande fleur.* Dans les champs pier-reux ; parasite le plus souvent ici sur le trèfle. Juin, Juillet. Elle est heureusement assez rare à Touloase. Je n'y ai point encore observé la C. *Minor.*

FAMILLE 47. — BORAGINÉES.

I. Heliotropium. Héliotrope.

H. Europoeum. H. *D'Europe.* Dans les terres fortes, le long du chemin creux de Peyriole , non loin de l'écluse de Bayard , etc. Juin, Août. C.

II. Echium. Vipérine.

E. Vulgare. V. *Commune.* Sur le chemin de Balma , dans la grande île du moulin du Château, etc. Mai, J^t.

E. Violaceum. V. *Violette* dc. (Duby.) Plus commune à Toulouse que la précédente , au bord des chemins , des fossés , partout. Mai , Juillet.

E. Pyrenaïcum dc (Duby.) V. *Des Pyrénées.* E. P̲yrami-*dale* Lapeyr. (Vu dans son herbier.) Lieux arides et incultes , au Polygone , sur le chemin de Peyriole , au bas de la petite côte de Calvinet , etc. Juillet , Septembre. C.

III. Lithospermum. Grémil.

L. Purpureo-coeruleum. G. *Violet.* Bords du Touch près de son embouchure , dans les haies au pied de Pech-David , le long des chemins à Saint-Geniés , etc. Av. M. C.

L. Officinale. G. *Officinal.* Le long des haies et des chemins , dans les lieux frais et ombragés , à gauche de la butte du Polygone , etc. Mai , Juin. C.

L. Arvense. G. *Des champs.* Dans les blés, à Calvinet , etc., partout. Avril, Juin. CC.

IV. Pulmonaria. Pulmonaire.

P. Officinalis. P. *Officinale.* Lisière des bois de la rive gauche du Touch , un peu au-dessus du pont de Blagnac , etc. Avril , Mai.

V. Symphitum. Consoude.

S. Tuberosum. C. *Tubéreuse.* Rive gauche du Touch , entre son embouchure et le pont de Blagnac ou de Saint-Michel , au Polygone dans la haie à gauche de la butte, etc. Mai , Juin. C.

VI. LYCOPSIS. LYCOPSIDE.

L. ARVENSIS. L. *Des champs*. A l'extrémité de la route de Blagnac près de la Garonne, dans la grande île du moulin du Château, etc. Mai, Juillet. CC.

VII. ANCHUSA. BUGLOSSE.

A. ITALICA. B. *D'Italie*. Rive droite de la Garonne, en face de la digue de Bracqueville. Juin. RR.

Obs. L'*Anchusa sempervirens* se sème et se propage d'elle-même le long des murs du grand enclos du Jardin des Plantes.

VIII. BORAGO. BOURRACHE.

B. OFFICINALIS. B. *Officinale*. Dans les semis de chêne à l'entrée du Polygone, etc. Juin, Juillet.

IX. ASPERUGO. RAPETTE.

A. PROCUMBENS. R. *Couchée*. Autour des jardins potagers à gauche de l'allée Lafayette. Mai. R.

X. MYOSOTIS. MYOSOTE.

M. LAPPULA. M. *A fruits de bardane*. Terrains sablonneux, Pech-David, rive droite de la Garonne, un peu plus bas que Blagnac, etc. Juin, Août. C.

M. ANNUA. M. *Annuelle*. Dans les champs, partout. Avril, Mai. CC. (Cette plante offre plusieurs variétés dont on a cru pouvoir faire des espèces.)

M. PALUSTRIS. M. *Des marais* (Withering.) M. *Perennis* (Duby. DC. Var. α.) Cette espèce, par son port, par la longueur de ses pédoncules et par ses stations, m'a semblé pouvoir être séparée des autres *Myosotis vivaces;* elle vient partout sur les bords du Canal et dans les fossés pleins d'eau. Mai, Juin.

XI. CYNOGLOSSUM. CYNOGLOSSE.

C. PICTUM. C. *A fleur rayée*. Au bord des chemins, à Calvinet, partout. Mai, Juin. CC.

FAMILLE 48. — SOLANÉES.

Lycium. Lyciet.

L. Barbareum. L. *De Barbarie.* Cette espèce peut être regardée comme naturalisée à Toulouse dans beaucoup de clôtures, où elle se propage d'elle-même. (Eté.)

II. Solanum. Morelle.

S. Nigrum. M. *Noire.* Dans les cultures, les pépinières de Calvinet, partout. Juin, Août. CC.

S. Dulcamara. M. *Douce-amère.* Le long des haies sur le chemin de l'Ecole vétérinaire , etc. Mai, Août. C.

S. Tuberosum. M. *Pomme de terre.* Cette espèce, pour donner de bons produits, doit être cultivée dans des terrains meubles et sablonneux.

Obs. On cultive aussi à Toulouse , comme ornement, le S. *Pseudo capsicum* ou petit *Cerisier d'hiver ,* et pour la cuisine, le S. *Lycopersicum* ou *Pomme d'amour ,* le S. *Melongena* ou *Aubergine ,* ainsi que le *Capsicum annuum* ou piment.

III. Physalis. Coqueret.

P. Alkekengi. C. *Officinal.* Plusieurs personnes m'ont assuré qu'il vient au bord des vignes à Vieille-Toulouse, où je n'ai pu le rencontrer.

IV. Datura. Datura.

D. Stramonium. D. *Stramoine.* Sur les terres rapportées, dans les fossés de la route de Muret , entre les maisons du faubourg , etc. Juin, Août. CC.

V. Hyoscyamus. Jusquiame.

H. Niger. J. *Noire.* Sur l'esplanade du Port à l'embouchure du Canal , le long des chemins entre le Canal et le boulevart Matabiau, etc. Mai, Juillet. C.

VI. Verbascum. Molène.

V. Thapsus. M. *Bouillon blanc.* Le long des haies des

chemins creux à Pouvourville, dans ses champs derrière les hauteurs de Calvinet, etc. Juin, Août. C.

V.   SINUATUM. M. *Sinuée*. Lieux secs, rive droite de la Garonne, en face de la grande île du moulin du Château, chemin de Blagnac, etc. Juillet, Août. CC.

V.   BLATTARIA. M. *Blattaire*. Prés artificiels entre le premier coteau de Pech-David et la Garonne, en face du deuxième barrage, etc. Juin, Septembre. CC.

V.   LYCHNITIS. M. *Lychnis*. Hauteurs du Polygone à droite de la butte, etc. Juin, Juillet.

V.   PULVERULENTUM. M. *Poudreuse*. Abondant sur le chemin de Lardenne à la Ramette, etc. Juin. C.

FAMILLE 49. — ANTIRRHINÉES.

I. GRATIOLA. GRATIOLE.

G.   OFFICINALIS. G. *Officinale*. M. le docteur Noulet a trouvé cette plante plusieurs fois le long du ruisseau des Vaches au bois de la Ramette, où je n'ai pas su le découvrir. Juin, Juillet. RR.

II. ANTIRRHINUM. MUFLIER.

A.   MAJUS. M. *A grandes fleurs*. Dans la ville sur les vieilles murailles, sur les coteaux de Pech-David, etc. M. J^t. C.

A.   ORONTIUM. M. *Rubicond*. Dans les champs, les vignes et jusque sur les murs en terre, à Saint-Martin du Touch., Lardenne, etc. Juillet, Septembre. CC.

III. LINARIA. LINAIRE.

L.   ORIGANIFOLIA. L. *A feuilles d'origan.* (*Antirrhinum villosum* LAPEYR) Je l'ai trouvée en plusieurs endroits de la rive gauche de la Garonne, au-dessus du château de Gounon, dit *la Poudrette*, et au-dessus du château de Bracqueville, sur la rive droite à la grande île du moulin, sur un mur de jardin à Saint-Michel. Mai, Juin. R.

L.   MINOR. L. *Naine*. Dans les champs sablonneux à Pech-David, etc. Mai, Juillet. CC.

L.   CYMBALARIA. L. *Cymbalaire*. A l'allée Saint-Michel, sur le vieux mur d'enceinte de la ville devant l'Observatoire , sur les murailles du Jardin des Plantes. Mai, Juillet. R.

L. **Spuria**. L. *Bâtarde*, *velvote*. Dans les champs , les chaumes après la moisson , partout. **J. S. CC.**

L. **Elatine**. L. *Elatine*. Dans les mêmes lieux que la précédente, et souvent pêle-mêle avec elle. Au reste , on trouve ici des intermédiaires entre ces deux plantes qui m'ont plusieurs fois fait douter de la réalité des deux espèces.

L. **Pelisseriana**. L. *De Pélissier*. Dans les champs pierreux au Polygone , et dans toute la plaine depuis Saint-Martin jusqu'au bois de la Ramette inclusivement. Je ne l'ai pas vue sur l'autre rive de la Garonne. Juin, Août. **CC.**

L. **Supina**. L. *Couchée* (Duby.) DC. L. *Pyrenaïca* DC. Dans les champs sur Pech-David , sur les bords de la Garonne , etc. Mai, Août. **CC.**

L. **Striata**. L. *Rayée*. Au pied des coteaux de Pech-David , au bord des champs et des chemins , etc. Juin, Juillet. **CC.** Les fleurs de cette espèce exhalent dans le jour une odeur très-suave.

L. **Vulgaris**. L. *Commune*. Au bord du chemin et des fossés dans la plaine de Casselardit , etc. Juin , Juillet. **C.**

IV. Scrophularia. Scrophulaire.

S. **Aquatica**. S. *Aquatique*. Bords du Canal , dans les fossés de la plaine située entre le faubourg Saint-Michel et la Garonne, etc. Juin , Juillet. **CC.**

S. **Nodosa**. S. *Noueuse*. Sur la lisière des bois dans les endroits humides à Beaupuy, au bord d'une flaque d'eau dans les ramiers de la Garonne au-dessus de Bracqueville, etc. Juin , Juillet. **R.**

S. **Canina**. S. *Fétide*. Sur les rives et les graviers de la Garonne au-dessus et au-dessous de la ville. Mai , Juillet. **C.**

Obs. la S. *Peregrina* se sème et se répand partout d'elle-même au Jardin des Plantes.

FAMILLE 50. — OROBANCHÉES.

I. Orobanche. Orobanche.

O.   Minor. O. *A petites fleurs.* Parasite sur le trèfle des prés, dans la plaine de Casselardit, etc. principalement dans les lieux frais et un peu humides. Mai, Juillet. C.

O.   Epithymum. O. *Du serpolet.* Bords secs du Canal, entre le pont des Demoiselles et le Petit-Espinet. Parasite sur le serpolet. Juin, Juillet. R.

O.   Major. L. Vill. (dc.? Duby??) Sur les coteaux de Pech-David. Juin. R. (Je suis assuré que cette espèce est celle de Villars ; mais je doute que ce soit celle de Decandolle, et surtout celle de Duby.)

O.   Fœtida. O. *Fétide.* Bois taillis à Colommiers près du château de l'*Armurier.* Mai. R. (Mes échantillons sont identiquement les mêmes que celui qui existe sous le même nom dans l'herbier de Lapeyr.)

Obs. Je ne serais pas surpris qu'il existât autour de Toulouse d'autres *Orobanches* que je n'ai pas su reconnaître ; car si l'on excepte quelques espèces bien distinctes de ce genre très-difficile, telles que les O. *Ramosa*, *Cœrulea*, *Minor*, il règue pour la plupart des autres une telle confusion dans les divers auteurs, qu'il y a autant de synonymes que de botanistes. J'avoue mon insuffisance à débrouiller ce cahos.

II. Lathroea. Clandestine.

L.   Clandestina. L. *Clandestine.* Bords de Lhers, du Touch, île de la Poudrerie, etc., surtout à l'ombre au pied des saules et des peupliers. Mars, Avril. CC.

FAMIILLE 51. — RHINANTHACÉES.

I. Melampyrum. Mélampyre.

M.   Pratense. M. *Des prés.* Dans presque tous les bois des environs de Toulouse, à Colommiers, la Ramette, Montauriol, etc. Août. CC.

M.   Cristatum. M. *A crétes.* Rive gauche du Touch

dans le premier bois qu'on trouve au-dessus du pont de Blagnac, au bois de la Ramette, etc. Mai, Juin. Cette espèce est moins commune que la précédente.

II. Pedicularis. Pédiculaire.

P.   Sylvatica. P. *Des bois.* Sur les bords des marais de la forêt de Bouconne du côté de Lévignac. Mai. R.

III. Rhinanthus. Rhinanthe.

R.   Glabra. R. *Glabre* dc. Duby. R. *Crista galli.* var. lin. Dans la prairie du Polygone, etc. Mai, Juin. C. Cette plante peut s'appeler, à bon droit, la peste des prés.

IV. Euphrasia. Euphraise.

E.   Officinalis. E. *Officinale.* Très-abondante au bois de la Ramette. Juin, Juillet. CC.

E.   Odontites. E. *Dentée.* Dans les champs près de la tuilerie des Récollets, dans les atterrissemens de la Garonne au-dessus de Bracqueville, etc. Mars, Septembre. CC.

E.   Linifolia. E. *A feuilles de lin.* Abondante sur les premiers coteaux de Pech-David, à Puybusque, etc. Septembre. C.

V. Veronica. Véronique.

V.   Hederoefolia. V. *A feuilles de lierre.* Dans les cultures, les blés, etc. partout. Avril, Mai. CC.

V.   Agrestis. V. *Rustique.* Cette espèce vient partout, et fleurit ici presque toute l'année.

V.   Filiformis. V. *A pédoncules filiformes.* Aussi abondante à Toulouse que la précédente, dont elle se distingue de loin par la grandeur de sa corolle ; mais elle en diffère surtout par ses pédoncules plus allongés, par ses capsules plus larges, plus aplaties, et séparées au sommet en deux lobes plus divergens. Mars, Septembre. CC.

V.   Arvensis. V. *Des champs.* Dans les blés, les champs, les pelouses herbeuses, etc. partout. Avril, Mai. CC.

V.   Triphyllos. V. *A trois lobes.* Champs, prés artificiels, au pied des coteaux de Calvinet sur les deux versans, dans la plaine de Tournefeuille, etc. Avril, Mai. CC.

V. **Acinifolia**. V. *A feuilles de thym*. Champ de manœuvre du Polygone dans les lieux où l'eau séjourne l'hiver, etc. Avril. C.

V. **Serpyllifolia**. V. *A feuilles de serpolet*. Fossés, lieux humides, au Polygone près du redan, etc. Av. S. C.

V. **Officinalis**. V. *Officinale*. Bois secs, à Balma, à Bouconne, etc. Juin, Juillet. C.

V. **Chamoedris**. V. *Petit chéne*. Le long des haies, sur les bords du Touch près de son embouchure, etc. Mai. C.

V. **Teucrium**. V. *Teucriette*. Prairies, pâturages herbeux, dans le vieux pré du Polygone, dans la grande île du moulin du Château, etc. Mai, Juin. C. (La V. *Latifolia* **Lapeyr.** n'est qu'une var. de cette espèce, qui est assez variable dans son port et la forme de ses feuilles.)

V. **Montana**. V. *De montagne*. Lieux frais et bien ombragés, allée couverte qui, du port de Blagnac, s'étend le long de la berge escarpée parallèle à la rivière, etc. Juin, Juillet. R.

V. **Scutellatta**. V. *A écusson*. Rive gauche du Canal, un peu avant d'arriver au Petit-Espinet, autour des mares à Bouconne. Mai, Juin. R.

V. **Anagallis**. V. *Mouron d'eau*. Dans les fossés pleins d'eau, au Port-Garaud, etc. Mai, Août. CC.

V. **Beccabunga**. V. *Aquatique*. Autour des sources et le long des fossés, au Polygone, etc. Mai, Juillet. C. (Cette espèce se distingue de la précédente par sa tige rampante et non dressée, et par ses feuiles rétrécies en pétiole, et non demi-embrassantes comme dans la V. *Anagallis*.)

FAMILLE 52. — LABIÉES.

I. Lycopus. Lycope.

L. **Europoeus**. S. *D'Europe*. Au bord du Canal de la Garonne et de tous les fossés. Juin, Septembre. CC.

II. Salvia. Sauge.

S. **Officinails**. S. *Officinale*. Cultivée dans les jardins, d'où elle s'échappe quelquefois. Juin, Juillet.

S.   CLANDESTINA. S. *Clandestine* Saint-Amans, *Fl. ag.* DC. ? Duby ? (S. *Verbenaca* LAPEYR. vue dans son herbier.) Sur les berges sèches du Canal, dans les prés artificiels à Calvinet, etc. Avril, Mai. CC.

> *Obs.* Souvent la corolle reste enfermée dans le calice, ou saille très-peu au dehors; dans d'autres individus, la corolle est double du calice. **La S. *Prœcox* LOIS.** diffère-t-elle de cette espèce?

S.   VERTICILLATA. S. *Verticillée.* J'en ai vu plusieurs pieds trois ou quatre ans de suite dans un fossé à gauche de la route de Muret, non loin des maisons du faubourg. Sauvage ? ou échappée des jardins ? Mai, Juin. RR.

S.   PRATENSIS. S. *Des prés.* Dans le semis de chênes à droite de l'entrée du Polygone, etc. Juin, Juillet. R.

S.   SCLAREA. S. *Sclarée.* Bords du chemin et des vignes en allant de Lardenne au bois de la Ramette. (Peut-être échappée des jardins?) Juillet. RR.

III. AJUGA. BUGLE.

A.   CHAMÆPYTIS. B. *Faux-Pin.* Dans les champs et les friches du premier coteau de Pech-David, etc. Mai, Août. C.

A.   REPTANS. B. *Rampante.* Dans les prairies du Port-Garaud, etc. Mai, Juin. CC.

IV. TEUCRIUM. GERMANDRÉE.

T.   BOTRYS. G. *Botride.* Atterrissemens sablonneux de la rive droite de la Garonne, un peu plus bas que Blagnac. Juin, Juillet. R.

T.   CHAMOEDRIS. G. *Petit-Chêne.* Abondante sur les coteaux de Pech-David. Juin, Juillet.

T.   SCORDIUM. G. *Aquatique.* A Grenade sur les bords de la Save, ce qui me fait présumer qu'elle pourrait bien venir aussi plus près de Toulouse. Juillet, Août. RR.

T.   SCORODONIA. G. *Des bois.* Dans les bois de Balma, de la Ramette, etc. Juin, Juillet. C.

V. MARRUBIUM. MARRUBE.

M. VULGARE. M. *Commun.* Lieux secs et incultes , le long des chemins, partout. Juin , Août. CC.

VI. BALLOTA. BALLOTE.

B. FOETIDA. B. *Fétide.* Lieux incultes , bords des chemins et des haies. Juin , Juillet. CC.

VII. BETONICA. BÉTOINE.

B. OFFICINALIS. B. *Officinale.* Dans les prés , les bois , sur les bords du Canal. Juin , Août. CC.

VIII. GALEOPSIS. GALÉOPE.

G. LADANUM. G. *Des champs.* Dans les chaumes sur Pech-David , etc. Juillet , Septembre. C.

IX. LAMIUM. LAMIER.

L. MACULATUM. L. *Taché* DC. (Duby.) L. *Stoloniferum* LAPEYR. Lieux ombragés , île de la Poudrerie, embouchure du Touch , bords du ruisseau des Vaches à la Ramette , etc. Mai, Juin. C.

L. PURPUREUM. L. *Pourpre.* Vient partout. Mars , Mai. CC.

L. HYBRIDUM. L. *Hybride.* Le long des haies au pied de Calvinet du côté du chemin de Peyriole, au bord des fossés de la route à Sainte-Agne , sous la campagne du receveur général. Avril , Mars. R.

L. AMPLEXICAULE. L. *Embrassant.* Dans les champs qui bordent à droite le chemin de Blagnac, etc. Avril. CC.

X. GLECHOMA. GLÉCOME.

G. HEDERACEA. G. *Lierre terrestre.* Partout le long des haies dans les lieux frais et herbeux. Avril , Mai. CC.

XI. STACHYS. ÉPIAIRE.

S. ANNUA. E. *Annuelle.* Dans les chaumes après la moisson. Juillet, Septembre. CC.

S. SIDERITIS. E. *Crapaudine.* Lieux incultes , prairies sèches , bords du Canal , etc. Mai , Juillet. CC.

S.   Germanica. E. *D'Allemagne.* Rive gauche de la Garonne, un peu au-dessus du château de Gounon, dit *la Poudrette*, à Pinsaguel, etc. Juin, Juillet.

S.   Sylvatica. E. *Des bois.* Bords ombragés du ravin de Puybusque, ramiers de la dernière île du moulin du Château du côté de la digue de Bracqueville, etc. Mai, Juin.

S.   Palustris. E. *Des marais.* Sur les bords du Canal, etc. Juillet, Août. CC.

XII. Lavandula. Lavande.

L.   Vera. L. *Commune.* On la cultive abondamment dans les campagnes autour des maisons.

XIII. Mentha. Menthe.

M.   Sylvestris. M. *Sauvage.* Bords de la Garonne un peu au-dessous de Bauzelle, et ailleurs sur les deux rives, mais R. Juillet, Août. (La M. *Nemorosa* Lapeyr. ne m'a paru qu'une var. de cette espèce.)

M.   Rotundifolia. M. *A feuilles rondes.* Le long des chemins et des fossés un peu humides, partout. Juin, Août. CC.

M.   Piperita. M. *Poivrée.* On la cultive fréquemment dans les jardins.

M.   Hirsuta. M. *Aquatique.* Sur les bords du Canal, et ailleurs le long des eaux. Juillet, Août. CC.

M.   Arvensis. M. *Des champs.* Abondante dans les champs humides de la plaine entre le faubourg Saint-Michel et la Garonne, après la moisson. Juillet, Août.

M.   Pulegium. M. *Pouliot.* Dans tous les lieux incultes inondés l'hiver. Juillet, Septembre. CC.

XIV. Thymus. Thym.

T.   Serpyllum. T. *Serpolet.* Lieux secs, coteaux de Pech-David, etc. Mai, Juillet. CC.

T.   Acynos. T. *Des champs.* Champs, prés artificiels, dans la grande île du moulin du Château, à Calvinet, à Sainte-Agne, etc. Mai, Juillet. C.

T.   Nepeta. T. *Népéta.* Lieux secs, bords des routes, partout. Juillet, Septembre. CC.

XV. Melissa. Mélisse.

M. Officinalis. M. *Officinale*. Haies à Saint-Martin du Touch, bords des bois des coteaux de Vieille-Toulouse, sur le penchant du côté de la Garonne. Juillet, Août. R.

XVI. Clinopodium. Clinopode.

C. Vulgare. C. *Commun*. Le long des haies et des chemins au pied du deuxième coteau de Pech-David, etc. Juin, Juillet. C.

XVII. Origanum. Origan.

O. Vulgare. O. *Commun*. Bords du Canal, des chemins à Calvinet, etc. Juin, Juillet. CC.

XVIII. Brunella. Brunelle.

B. Vulgaris. B. *Commune*. Bords du Canal, etc. Mai, Juillet. CC.

B. Laciniata. B. *Laciniée*. Bois secs, Balma, la Ramette, berge élevée de la rive droite du Canal, un peu au-dessous du pont de Guilleméry. Mai, Juillet. C. (*Cette espèce est le plus souvent à fleur blanche.*)

B. Grandiflora. B. *A grandes fleurs*. Bois à Puybusque, sur le penchant du deuxième coteau de Pech-David. Juin, Juillet.

XIX. Scutellaria. Toque.

S. Galericulata. T. *Tertianaire*. Bords du Canal, etc. Juin, Juillet. CC.

S. Minor. T. *Naine*. Lieux humides de la forêt de Bouconne du côté de Léguevin. Juin, Juillet. R.

FAMILLE 53. — VERBÉNACÉES.

I. Verbena. Verveine.

V. Officinalis. V. *Officinale*. Lieux incultes, bords des chemins, partout. Juillet, Août. CC.

FAMILLE 54. — LENTIBULARIÉES.

I. Utricularia. Utriculaire.

U. Vulgaris. U. *Commune*. Je l'ai trouvée sans fleurs dans les flaques d'eau des ramiers de la Garonne, au-dessus de la ferme de Bracqueville. Juillet, Août. RR.

' FAMILLE 55. — PRIMULACÉES.

I. Lysimachia. Lysimaque.

L. Vulgaris. L. *Commune*. Le long des eaux, au bord des fossés des prairies et des champs du Port-Garaud, etc. Juillet, Août. CC.

L. Nummularia. L. *Monnoyère*. Bords des fossés qui traversent les prairies situées le long du faubourg Saint-Michel, endroits humides des prés de Peyriole sur la rive gauche de Lhers, etc. Juillet. C.

II. Anagallis. Mouron.

A. Arvensis. M. *Des champs* (Duby.) Fleurs bleues. A. *Cœrulea* DC. Fleurs rouges. A. *Phœnicea* DC. Partout, dans les champs, l'une et l'autre var. Mai, Juillet. CC.

A. Tenella. M. *Délicat*. Cette jolie espèce vient abondamment le long des eaux de source qui traversent un petit pré-marais situé au-delà de la fontaine de Bourasssol, à l'entrée de la plaine de Casselardit. Mai, Juin.

III. Primula. Primevère.

P. Officinalis. P. *Officinale*. Prés à gauche de la fontaine de Bourassol, à Saint-Cyprien, rive gauche du Touch, un peu au-dessus du pont de Blagnac, etc. Avril, Mai. C.

P. Grandiflora. P. *A grandes fleurs*. Je l'ai vue une seule fois sur les bords du Touch, contre le pont de Tournefeuille. Mars. RR.

IV. Samolus. Samole.

S. Valerandi. S. *Aquatique*. Bords des eaux et des fossés, le long du Canal, etc. Mai, Juillet. CC.

FAMILLE 56. — GLOBULARIÉES.

I. GLOBULARIA. GLOBULAIRE.

G.   VULGARIS. G. *Commune.* Vers le sommet du deuxième coteau de Pech-David. Avril, Mai.

FAMILLE 57. — PLANTAGINÉES.

I. PLANTAGO. PLANTAIN.

P.   CORONOPUS. P. *Corne de cerf.* Lieux secs, bords des chemins, pelouses du Polygone, etc. Mai, Juillet. CC.

P.   ARENARIA. P. *Des sables.* Coteaux de Pech-David, rives de la Garonne, surtout dans les îles du moulin du Château. Mai, Juillet. C. (Se distingue à peine du P. *Cynops*, dont il ne diffère que par ses bractées externes plus longues, et dépassant presque l'épi.)

P.   GRAMINEA. P. *Gramen.* P. *Serpentina.* VILL. Je ne l'ai trouvé qu'une fois au bord même de la Garonne, entre l'embouchure du Canal et le bac de Blagnac. Août. RR.

P.   LANCEOLATA. P. *Lancéolé.* Prés secs, bords des chemins, du Canal, etc. partout. Juin, Septembre. CC.

P.   MEDIA. P. *Moyen.* Dans tous les lieux herbeux. Juin, Août. CC.

P.   MAJOR. P. *A larges feuilles.* Dans les jardins, au bord des champs, etc. Mai, Juillet. (Cette espèce ressemble beaucoup à la précédente, dont elle se distingue par les loges de sa capsule qui sont à quatre graines.)

FAMILLE 58. — AMARANTHACÉES.

I. AMARANTHUS. AMARANTHE.

A.   ALBUS. A *Blanche.* Champs du Polygone à droite de la butte, bords du chemin, de Lardène au bois de la Ramette, etc. Juillet, Septembre. C.

A.   SYLVESTRIS. A. *Sauvage.* Dans les terres cultivées, les jardins, les pépinières, etc. Août, Septembre. CC.

A.   BLITUM. A. *Blette.* Lieux frais, bords des fossés et

des chemins entre le boulevart Matabiau et le Canal, etc.
Août, Septembre. C.

A.   PROSTRATUS. A. *Couchée* DC. Duby. *Blitum capita-
tum* LAPEYR. Lieux secs et pierreux, dans les pépinières
près du pont des Demoiselles, sur les chemins sablés, etc.
Août, Octobre. CC. (L'erreur qui existe dans l'herbier
de LAPEYR. provient sans doute non du fait de l'auteur,
mais d'une transposition d'étiquette ou d'échantillon.)

A.   RETROFLEXUS. A. *Recourbée*. Vient en général sur les
décombres et les terres transportées. Sept. Oct. CC.

FAMILLE 59. — CHÉNOPODÉES. (1)

POLYCHNEMUM. POLYCHNÈME.

P.   ARVENSE. P. *Des champs*. Dans les chaumes après la
moisson, à Calvinet, etc. Juillet, Août. CC.

II. CHENOPODIUM. ANSÉRINE.

C.   POLYSPERMUM. A. *Polysperme*. Lieux un peu frais et
humides en tête du semis de chêne à droite de la butte
du Polygone, etc. R.

C.   VULVARIA. A. *Fétide*. Dans les cours, au pied des
murailles. Août, Septembre. CC. (Cette espèce mérite
bien son nom.)

C.   AMBROSIOIDES. A. *Ambroisie*. Sur les bords de l'Ariège,
à quelque distance au-dessus de son embouchure, d'après
le témoignage de M. le docteur Noulet. (*Elle exhale
une odeur suave.*)

C.   BOTRYS. A. *Botride*. Sur les bords sablonneux de la
Garonne, rive droite vis-à-vis du territoire de Blagnac, etc.
Août, Septembre. C.

C.   LEIOSPERMUM. A. *A graines lisses* DC. Duby. C. *Album
et C. Viride* LIN. Cette espèce vient partout dans les
lieux cultivés. Août, Septembre. CC.

---

(1) M. Moquin-Tandon, professeur d'histoire naturelle à la
faculté de Toulouse, a fait un très-beau travail sur cette famille,
et la précédente.

C.   OPULIFOLIUM. A. *A feuilles d'obier.* Aussi commune que la précédente, et dans les mêmes lieux. Sep. Oct. CC.

C.   MURALE. A. *Des murs.* Dans les cours, au bord des chemins; elle est abondante au pied des murailles et des magasins de l'Arsenal. Septembre, Octobre. CC.

> *Obs.* J'ai vu souvent le *C. Scoparia*, semé de lui-même sur la butte du Jardin des Plantes, pêle-mêle avec l'*Atriplex laciniata* ou *Rosea.*

III. ATRIPLEX. ARROCHE.

A.   ROSEA. A. *A rosettes?* an A. *Laciniata?* Elle vient partout autour de la ville, dont elle ne s'éloigne pas, dans les terres rapportées sur le cours Dillon, au bord des allées Lafayette, etc. Septembre, Octobre. CC. (Cette plante n'est point étiquetée dans l'herbier de Lapeyrouse; mais l'échantillon, peu développé qu'on y voit sous le nom de *Chenopodium glaucum*, m'a paru lui appartenir.)

A.   HASTATA. A. *En fer de lance.* Lieux gras et humides, le long des haies et des fossés au Port-Garaud, sur le petit chemin de Perpan, etc. Septembre, Octobre. C.

A.   ANGUSTIFOLIA. A. *A feuilles étroites.* Au bord des champs, le long du Canal entre l'allée Lafayette et les premiers magasins à blé de Saint-Etienne, etc. Septembre, Octobre. CC.

A.   HORTENSIS. A. *Des jardins.* Elle est très-rarement cultivée à Toulouse.

IV. SPINACIA. EPINARD.

S.   OLERACEA LIN. E. *Cultivé.* Dans tous les potagers.

V. BETA. BETTE.

B.   VULGARIS. B. *Commune.* Cultivée dans tous les potagers, où elle se sème plus souvent d'elle-même que l'épinard.

FAMILLE 60. — POLYGONÉES.

I. RUMEX. PATIENCE.

R.   PULCHER. P. *Violon.* Dans les fossés, le long des

chemins, partout. Juin, Juillet. CC. (La forme des feuilles radicales qui a servi à nommer cette espèce, s'observe bien à la fin de l'automne, et encore au commencement du printemps ; plus tard, ces feuilles disparaissent quand la tige s'élève et se ramifie.)

R.   OBTUSIFOLIUS. P. *A feuilles obtuses.* Cette espèce aime les endroits gras et un peu humides, les bords des haies, etc. Elle vient abondamment dans les jardins de la fonderie. Juillet, Septembre. CC.

R.   NEMOLAPATHUM. P. *Des bois.* Sur les bords du Canal, au bord des fossés pleins d'eau, etc. Juin, Juillet. CC.

R.   CRISPUS. P. *Crépue.* Prés humides, lieux inondés l'hiver, au Polygone, etc. Mai, Juin. CC. (Cette espèce ressemble à la précédente, mais s'en distingue bien par ses feuilles ondulées-crépues.)

R.   PATIENTIA. P. *Des jardins.* Cultivé dans quelques potagers.

R.   ACETOSA. P. *Oseille.* Prairies un peu marécageuses, dans la plaine de Casselardit derrière le château de *Menerie*, etc. Cultivée pour la cuisine. Mai, Juin. C.

R.   ACETOSELLA. P. *Petite oseille.* Clairières du bois de Balma devant le château, vignes des coteaux de Tournefeuille, etc. Avril, Mai. C.

II. POLYGONUM. RENOUÉE.

P.   FAGOPYRUM. R. *Sarrazin.* Quoique cette plante ne soit pas cultivée ici, il n'est pas rare d'en trouver des individus isolés sur les bords de la Garonne. Juin, Juillet.

P.   CONVOLVULUS. R. *Liseron.* Dans les champs, les blés, partout. Mai, Juillet. CC.

P.   AMPHIBIUM. R. *Amphibie.* Dans le Canal, dans les parties stagnantes du Touch, au-dessous du pont de Saint-Martin, etc. La var. β. terrestre, sur les bords du Touch en face de la Ramette. Juin, Juillet. C.

P.   PUSILLUM. R. *Fluette* DC. Duby. P. *Hibridum* (Saint-Amans, *Fl. ag.*) Dans les fossés autour du Polygone, etc. Août, Septembre. (Ressemble à la suivante, mais sa saveur n'a point d'âcreté ; elle se distingue aussi par les petits points protubérans visibles à la loupe, qui couvrent le limbe de ses feuilles en-dessous.)

P.   HYDROPIPER. R. *Poivre-d'eau*. Dans les fossés, au Port-Garaud, à Saint-Martin, etc. Juillet, Août. CC. (Ses feuilles ont une saveur brûlante.)

P.   PERSICARIA. R. *Persicaire*. Cette espèce vient partout, le long des chemins, des fossés, etc. Juillet, Sept. CC. (Ses graines sont presque trigones.)

P.   LAPATHIFOLIUM. R. *A feuilles de patience* DC. P. *Persicaria*. Var. γ Duby. Ramiers de la Garonne, champs humides de la rive droite non loin de la tuilerie des Récollets, etc. Août, Septembre. C.

Obs. Cette espèce dont Duby ne fait qu'une var. de la précédente, ressemble en effet aux grands individus de la *Persicaire ;* mais ses graines sont aplaties, et même un peu concaves sur les deux faces.

P.   AVICULARE. R. *Des petits oiseaux*. Forme partout des tapis serrés sur les quais, les chemins, Juillet, Sep. CC.

FAMILLE 61. — THYMÉLÉES.

I. STELLERA. STELLÉRINE.

S.   PASSERINA. S. *Passerine*. Champs au-dessus des premiers coteaux de Pech-David. Juillet, Août. R.

FAMILLE 62. — SANTALLACÉES.

I. THESIUM. THÉSION.

T.   LINOPHYLLUM. T. *A feuilles de lin.* Bords de la Garonne, bois de la Ramette, etc. Juin, juillet. C.

II. OSYRIS. OSYRIS.

O.   ALBA. O. *Blanc*. Coteaux des bords de la Garonne, depuis Pech-David jusqu'à Vieille-Toulouse. Mai, Juin, C.

FAMILLE 63. — ARISTOLOCHES.

I. ARISTOLOCHIA. ARISTOLOCHE.

A.   ROTUNDA. A. *Ronde*. Rive gauche du Touch près de l'embouchure, bords de la prairie située derrière le château de la Joncasse dans la plaine de Lhers, etc. Avril, Mai. C.

A. CLEMATITIS. A. *Clématite*. Après le pont de Croix-Daurade sur la route d'Albi, le long du chemin de Saint-Geniés, etc. Mai, Juin.

FAMILLE 64. — EUPHORBIACÉES.

I. BUXUS. BUIS.

B. SEMPERVIRENS. B. *Toujours vert*. Cultivé dans les enclos.

II. EUPHORBIA. EUPHORBE.

E. CHAMOESICE. E. *Monnoyer*. Dans les cultures derrière le Jardin des Plantes. Septembre, Octobre. RR. Echappé du Jardin des Plantes? ou sauvage?

E. HELIOSCOPIA. E. *Réveille-matin*. Dans les jardins, les champs, etc. partout. Mai, Septembre. CC.

E. PLATYPHYLLOS. E. *A larges feuilles*. Bords du ruisseau des Vaches, entre sa sortie du bois de la Ramette et sa jonction avec le Touch. Juillet, Août. R.

E. VERRUCOSA. E. *A verrues*. Dans les prés, les pâturages herbeux, prairie du cours Dillon, etc. Mai, Juin. C.

E. PILOSA. E. *Poilu*. Bois de la Ramette dans les endroits très-fourrés et inondés par le ruisseau des Vaches. J. RR.

E. CYPARISSIAS. E. *Cyprès*. Premier coteau de Pech-David, bords de la Garonne, etc. Avril, Juillet. C.

E. SEGETALIS. E. *Des moissons*. Champs à gauche de l'entrée du Polygone. Mai, Septembre. R.

E. EXIGUA. E. *Fluet*. Blés, champs, sur Pech-David, derrière Calvinet, etc. Juillet. CC.

E. FALCATA. E. *Mucroné*. Dans les chaumes après la moisson, partout. Juillet, Août. CC.

E. PEPLUS. E. *Des vignes*. Dans les terres meubles, les jardins, au pied des murs. Juin. C.

E. LATHYRIS. E. *Epurge*. Au bord du chemin qui, de la grande route, conduit au Polygone, etc. Mars, Juin. R.

E.   Sylvatica. E. *Des bois.* Sur la lisière des bois de Balma, de Sainte-Agne, aux bords du Touch , etc. Av. M. CC.

III. Mercurialis. Mercuriale.

M.   Perennis. M. *Vivace.* Petit bois de la rive droite du Touch, un peu au-dessus du pont de Tournefeuille, forêt de Bouconne. Mars , Juin. R.

M.   Annua. M. *Annuelle.* Dans toutes les cultures. Mai , Août. CC.

FAMILLE 65. — URTICÉES.

I. Cannabis. Chanvre.

C.   Sativa. C. *Cultivé.* On le cultive peu dans les environs de Toulouse.

II. Parietaria. Pariétaire.

P.   Officinalis. P. *Officinale.* Sur toutes les vieilles murailles , au jardin de la Fonderie, etc. Av. S. CC.

III. Urtica. Ortie.

U.   Piulifera. O. *A pillules.* Sur l'esplanade du Port-Garaud et ailleurs. Juin , Juillet. C.

U.   Dioica. O. *Dioique.* Le long des haies , dans les fossés , partout. Juin , Juillet. CC.

U.   Urens. O. *Brûlante.* Le long des chemins , autour des maisons, etc. Juin , Juillet. CC. (Cette espèce s'élève moins que la précédente , et ses grappes fleuries sont plus courtes que les pétioles.)

IV. Humulus. Houblon.

H.   Lupulus. H. *Grimpant.* Les haies , les ramiers de la Garonne , dans l'île de la Poudrerie, etc. Juin. C.

V. Morus. Murier.

M.   Alba. M. *Blanc.* Cultivé dans les champs pour les vers à soie.

M.   Nigra. M. *Noir.* Cultivé près des maisons pour la table ou la pharmacie.

VI. Ficus. Figuier.

F.   Carica. F. *Commun*. Cultivé et sauvage dans tout le midi.

FAMILLE 66. — JUGLANDÉES.

I. Juglans. Noyer.

J.   Regia. N. *Commun*. Cultivé pour la table , ou pour faire de l'huile.

FAMILLE 67. — AMENTACÉES.

I. Celtis. Micocoulier.

C.   Australis. M. *Du midi.* Bord du Canal près de l'écluse du Béarnais , etc. Avril. (Ce bel arbre a le port de l'ormeau.)

II. Ulmus. Orme.

U.   Campestris. O. *Commun*. Cultivé dans les allées. Février , Mars.

III. Betula. Bouleau.

B.   Alba. B. *Blanc*. Cultivé dans les bosquets.

IV. Alnus. Aulne.

A.   Glutinosa. A. *Commun*. Dans l'île de la Poudrerie , sur la rive gauche de la Garonne , près de la fontaine de Bourassol , etc. Mars. C.

V. Salix. Saule.

S.   Capræa. S. *Marceau*. Bords de la Garonne , après la fontaine de Bourassol , etc. Mars , Avril. C.

S.   Monandra. S. *A une étamine* dc. (Duby.) S. *Helix* lin. Bords de la Garonne. Mars , Avril.

S.   Incana. S. *A feuilles de lavande* dc. (Duby.) S. *Lavandu læfolia* Lapeyr. Sur les bords et dans les ramiers de la Garonne. Mars , Avril.

S.   TRIANDRA. S. *A trois étamines.* Ramiers de la Garonne, îles du moulin du Château. Mars, Avril.

S.   ALBA. S. *Blanc.* C'est celui qu'on plante, et qui vient partout le long des fossés, etc. Avril. CC.

S.   BABYLONICA. S. *Pleureur.* Cultivé pour décorer les fontaines, les pièces d'eau. Mars, Avril.

VI. POPULUS. PEUPLIÉR.

P.   ALBA. P. *Blanc.* Bords du Canal en face de l'allée Lafayette, etc. Mars. CC.

P.   TREMULA. P. *Tremble.* Bois sur les coteaux derrière *las Bordes*, près de la ferme dite *les Bartets.* Sauvage ? ou planté ? Mars, Avril. R.

P.   NIGRA. P. *Noir.* Atterrissemens de la Garonne au-dessous de Bauzelle, etc. Mars. C.

P.   FASTIGIATA. P. *D'Italie.* Cultivé dans les allées des parcs, etc. Mars. C.

P.   VIRGINIANA. P. *De Virginie.* Cultivé pour la beauté de ses feuilles.

VII. FAGUS. HÊTRE.

F.   SYLVATICA. H. *Fayard.* Il est très-rare autour de Toulouse. Avril.

VIII. CASTANEA. CHATEIGNER.

C.   VULGARIS. C. *Commun.* Il n'est point sauvage ici.

IX. QUERCUS. CHÊNE.

Q.   PUBESCENS. C. *Pubescent.* Dans tous les bois des environs de Toulouse, où il est connu sous le nom de chêne noir. Avril, Mai. CC.

Q.   RACEMOSA. C. *A fruits pédonculés.* J'en ai vu quelques beaux pieds autour d'un parc situé entre le Canal et la route de Sainte-Agne. Avril, Mai.

Obs. Il existe un très-beau pied du Q. *Cerris* au Jardin des Plantes.

X. CORYLUS. COUDRIER.

C.   AVELLANA. C. *Noisettier.* Forêt de Bouconne. Février, Mars. R.

XI. Carpinus. Charme.

C. **Betulus.** C. *Commun.* Dans le parc du château de la *Joncasse* derrière les hauteurs de Calvinet , etc. Avril , Mai.

XII. Platanus. Platane.

P. **Orientalis.** P. *D'Orient.* Cultivé dans les promenades.

FAMILLE 68. — CONIFÈRES.

I. Taxus. IF.

T. **Baccata.** I. *Commun.* Cultivé dans les jardins et les parcs , où le ciseau peut lui donner toute espèce de formes. Mars.

II. Juniperus. Genevrier.

J. **Communis.** G. *Commun.* Bois de Vieille-Toulouse , etc. Avril. R.

J. **Sabina.** G. *Sabine.* Fréquemment cultivé dans les parcs , les bosquets. Avril.

III. Cupressus. Cyprès.

C. **Fastigiata.** C. *Pyramidal.* Cultivé , à la Pujade sur la route de Croix-Daurade , etc.

IX. Pinus. Pin.

On cultive dans les pépinières et ailleurs plusieurs espèces de pins , telles que les P. *Sylvestris* , *Maritima* , *Cembra* , etc. ; mais aucune n'est sauvage autour de Toulouse. J'y ai vu cultiver aussi *les Abies excelsa* , *Pectinata* , et même le *Larix Europœa*.

CLASSE DEUXIÈME.

PLANTES MONOCOTYLÉDONÉES.

SOUS-CLASSE I. MONOCOTYLÉDONÉES PHANÉROGAMES.

FAMILLE 69. — HYDROCHARIDÉES.

I. VALLISNERIA. VALLISNÉRIE.

V. SPIRALIS. V. *Spirale*. Très-abondante dans le Canal, surtout le long de l'allée des Platanes avant le pont des Demoiselles ; elle vient aussi en plusieurs endroits des bords de la Garonne. Août, Octobre. CC. (Peut-être nulle part cette plante singulière ne se développe comme ici, et ne se prête si bien à l'étude du Botaniste.

FAMILLE 70 — ALISMACÉES.

I. BUTOMUS. BUTOME.

B. UMBELLATUS. B. *Jonc-fleuri*. Je l'ai vu en plusieurs endroits des bords du Canal , près du pont des Demoiselles et des écluses du pont de Matabiau ; mais on s'empresse de le détruire pour qu'il ne se répande pas. Juin , Juillet. R.

II. ALISMA. FLUTEAU.

A. RANUNCULOIDES. F. *Renoncule*. Bords du Canal au-dessus du pont des Demoiselles , etc. Juin, Juillet. C.

A. PLANTAGO. F. *Plantain-d'eau*. Bords du Canal et de tous les fossés pleins d'eau. Juin, Août. CC.

A. DAMASONIUM. F. *Etoilé*. Mares et lieux fangeux des bois de la Ramette et Bouconne. Mai , Juin.

FAMILLE 71. — POTAMÉES.

I. Potamogeton. Potamot.

P. Natans. P. *Nageant.* Dans le Canal , dans les flaques des bords de la Garonne. Juin , Juillet. CC.

P. Lucens. P. *Luisant.* Dans le Canal entre le pont des Demoiselles et l'Espinet , etc. Juin , Août. C.

P. Perfoliatum. P. *Perfolié.* Dans la Garonne , dans le Touch en face du bois de la Ramette. Juin , Juillet. C.

P. Densum. P. *Serré.* P. Oppositifolium. P. *A feuilles opposées.* Je réunis ces deux plantes qui ne me paraissent que des var. d'une même espèce. Les feuilles sont opposées dans l'une et dans l'autre , et plus ou moins obtuses ; elles sont plus serrées dans la première et plus écartées dans la deuxième. Celle-ci vient sur les banquettes des bords du Canal ; la première dans les eaux de source de la plaine de Casselardit. Juillet , Août. C.

P. Crispum. P. *Crépu.* Dans le Canal. Avril , Mai. C.

P. Compressum. P. *Comprimé* (Duby.) P. *Gramineum* dc. Abondant dans les fossés remplis par les eaux de source de la plaine de Casselardit derrière le château de *Menerie.* Juin , Juillet.

P. Pectinatum. P. *A dents de peigne.* Dans le Canal entre le pont des Minimes et l'écluse du Béarnais. J^t^. A.

II. Zanichellia. Zanichelle.

Z. Palustris. Z. *Des marais.* Sur les banquettes inondées des bords du Canal , sur les bords de la Garonne au-dessous de Saint-Cyprien , etc. Juillet, Septembre. CC.

FAMILLE 72. — ORCHIDÉES.

I. Orchis. Orchis.

O. Viridis. O. *Verdâtre.* Dans la prairie vieille du Polygone , dans un taillis herbeux à gauche de Puybusque , etc. Juin.

O. Maculata. O. *Taché.* Bois à Puybusque en descendant dans le ravin , entre Belpech ou Beaupuy , et Balma ; en général , dans les bois montueux. Juin. C.

O.   LATIFOLIA. O. *A larges feuilles.* Prés humides des bords de Lhers à côté du château de la *Joncasse* derrière les hauteurs de Calvinet, etc. Mai , Juin. CC.

O.   PAPILLONACEA. O. *Papillon.* Cette belle espèce vient dans une grande prairie de la rive gauche de la Garonne au-dessous de Portet, appartenant à M. Combettes de Caumont. Mai. RR.

O.   LAXIFLORA. O. *A fleurs lâches.* Prairies des bords de Lhers au-dessous du pont d'Aigua , pré marécageux de la plaine de Casselardit derrière le château de *Menerie*, etc. Mai. C.

O.   MASCULA. O. *Male.* Je n'ai trouvé cette espèce (si commune sur la lisière des bois de Saint-Féréol) qu'une seule fois ici dans un taillis de la rive gauche du Touch au-dessus du pont de Blagnac. Mai. RR.

O.   MORIO. O. *Bouffon.* Prairie vieille du Polygone , dans tous les bois. Avril , Mai. CC.

O.   VARIEGATA. O. *Panaché.* Prairie vieille du Polygone, et en remontant le long du même coteau , dans les prés des châteaux de Bourassol et de la Sipière, etc. Mai. CC. (Odeur d'urine.)

O.   MILITARIS. O. *Militaire.* Prairies sablonneuses à Saint-Geniés le long du ravin , vignes et bois entre Sainte-Agne et Pech-David , etc. Mai, Juin. CC.

O.   GALEATA DC. (Duby.) O. *Tephrosanthos* LAPEYR. (Vu dans son herbier.) O. *Militaris* var. ? Dans un bois à gauche du chemin de Vieille-Toulouse , en descendant dans le ravin. Mai , Juin. R. (Cette plante tient le milieu entre l'O. *Militaris* et l'O. *Simia* ; les deux lobes extrêmes de son *Labellum* sont plus larges que dans le *Simia*, plus étroits que dans le *Militaris.*

O.   SIMIA. O. *Singe.* Pré de la rive gauche du Touch, au-dessous du pont de Saint-Martin, bords de la grande île du moulin du Château, etc. Mai. C.

Obs. M. Mutel, auteur de la nouvelle Flore du Dauphiné, a réuni cette dernière espèce aux deux précédentes ; s'il a eu raison, il faudrait peut-être y joindre notre O. *Variegata* de Toulouse ; mais alors , quelle distance du premier au dernier !

O.   Ustulata. O. *Brûlé.* Il vient abondamment dans les prairies de Pibrac. Avril, Mai.

O.   Coriophora. O. *Punais.* Au bord des marais de la forêt de Bouconne, du côté de Lévignac. Mai. R. (Odeur de punaise très-prononcée.)

O.   Pyramidalis. O. *Pyramidal.* Bords du Canal, du pont des Demoiselles à l'Espinet, etc. Mai, Juin. C.

O.   Bifolia. O. *A deux feuilles.* Bois de Colommiers près du château de l'*Armurier*, de la Ramette, etc. Mai. C. (Ses fleurs blanches exhalent une odeur suave.)

O.   Hircina. O. *A odeur de bouc.* Bois de Balma , bord du chemin dans la plaine de Casselardit , etc. Juin. CC. (Cette espèce mérite bien son nom.)

II. Ophrys. Ophrys.

O.   Antropophora. O. *Homme-pendu.* Rive gauche du Canal avant d'arriver au Petit-Espinet. Mai, Juin.

O.   Lutea. An O. Myoides? O. *Mouche.* Abondant dans la vieille prairie du Polygone , à gauche de la butte. Mai. (*Tablier* violet ou pourpre noir divisé en trois lobes , celui du milieu plus long , obtus , échancré , fleurs plus petites que dans les deux suivantes.)

O.   Aranifera. O. *Araignée.* Prairies du Port-Garaud, de la campagne de M. Raymond près des ponts Jumeaux , de la rive gauche de la Garonne au-dessus du château de Gounon, dit *la Poudrette* , etc. Avril. CC.

O.   Apifera. O. *Abeille.* Coteaux de Pech-David , bois de Puybusque , rive gauche du Canal près du Petit-Espinet , etc. Mai, Juin. CC. (Fleurs roses ou blanches très-belles.)

III. Serapias. Sérapias.

S.   Lingua. S. *A languette.* Bois de Balma, de la Ramette , etc. Mai, Juin. CC.

S.   Cordigera. S. *En cœur.* Bois à gauche de Puybusque en descendant dans le ravin, bois de Colommiers près du château de l'*Armurier* , etc. Juin. C. (On trouve aussi plus rarement au bois de la Ramette et à Bouconne, le S. *Lancifera* (Saint-Amans. *Fl. ag.*) , qui a la tige plus élancée et l'épi plus long , et qui n'est qu'une var. du *Cordigera.*)

IV. NEOTTIA. NÉOTTIE.

N.   SPIRALIS. N. *En spirale.* Prairie vieille du Polygone , bois de la Ramette , etc. Septembre , Octobre. CC. (Ses fleurs exhalent une odeur suave.)

V. EPIPACTIS. EPIPACTIS.

E.   ENSIFOLIA. E. *A feuilles en glaive.* Bois de Sainte-Agne , de Pouvourville. Mai , Juin. R.

E.   LATIFOLIA. E. *A larges feuilles.* Trouvé une seule fois dans l'île de la Poudrerie, sans doute amené par les crues de la Garonne. Juin. RR.

FAMILLE 73. — IRIDÉES.

I. IRIS. IRIS.

I.   GERMANICA. I. *Germanique.* Murs de l'enclos de Perpan qui borde la route à droite en montant la côte. Mai , Juin.

I.   PSEUDO-ACORUS. I. *Faux-açore.* Sur les bords du Canal , des fossés pleins d'eau. Mai , Juin. CC.

I.   FOETIDISSIMA. I. *Fétide.* Rive droite du Touch au-dessus du pont de Blagnac, à l'entrée du bois. Juin. R.

I.   GRAMINEA. I. *A feuilles de gramen.* Petit bois de la rive droite du Touch, un peu au-dessus du pont de Tournefeuille, forêt de Bouconne. Mai.

II. GLADIOLUS. GLAYEUL.

G.   COMMUNIS. G. *Commun.* Blés sur les hauteurs de Calvinet, etc. partout. Mai. CC.

FAMILLE 74. — AMARYLLIDÉES.

I. NARCISSUS. NARCISSE.

N.   PSEUDO-NARCISSUS. N. *Faux-narcisse.* En tête du bois de Balma devant le château. Avril. (Sauvage? ou échappé des jardins?)

N.   INCOMPARABILIS. N. *Nonpareil.* Rive gauche du Touch,

au bord de la première prairie qu'on trouve au-dessus du pont de Blagnac ou de Saint-Michel. Mars. R.

N.   Tazetta. N. *Tazette.* Dans un pré de la rive gauche du Touch, au-dessous du pont de Saint-Martin. Avril. RR.

II. Galanthus. Galantine.

G.   Nivalis. G. *Perce-neige.* Bois sur la route de Paris, avant d'arriver à Lhers. F.

FAMILLE 75. — ASPARAGÉES.

I. Asparagus. Asperge.

A.   Officinalis. A. *Officinale.* Cultivée pour la cuisine.

II. Ruscus. Fragon.

R.   Aculeatus. F. *Piquant.* Rive gauche du Touch, un peu au-dessus du pont de Blagnac, etc. Avril.

III. Tamus. Tamme.

T.   Communis. T. *Commun.* Haies des bords du Touch, bois à Sainte-Agne, etc. Mai, Juin. CC.

FAMILLE 76. — LILIACÉES.

I. Tulipa. Tulipe.

T.   Clusiana. T. *De l'écluse.* Dans l'enclos de M. le procureur-général à Saint-Cyprien, d'après le témoignage de M. le docteur Noulet. Avril.

II. Fritillaria. Fritillaire.

F.   Meleagris. F. *Pintade.* Rive gauche du Touch dans la première prairie qu'on trouve au-dessus du pont de Blagnac, dans le parc de M. de Solage à Saint-Martin, etc. Mars, Avril. CC.

Obs. Cette jolie plante qui vient ici dans les prairies les plus basses, ne se rencontre nulle part dans les vallées des Alpes, où je ne l'ai trouvée que sur les hautes montagnes du Gapençais, dans les lieux les plus escarpés. Quelle prodigieuse variété de station et de climat !

III. Asphodelus. Asphodèle.

A. **Albus.** A. *Blanc.* Très-abondant dans la forêt de Bouconne du côté de Lévignac. Mai. (L'A. *Ramosus* diffère-t-il essentiellement de cette espèce ?)

IV. Phalangium. Phalangère.

P. **Liliago.** P. *Fleur de lis* (dc. Duby.) *Anthericum* lin. Abondante sur le deuxième coteau de Pech-David. M. J.

V. Scilla. Scille.

S. **Autumnalis.** S. *D'automne.* Vieille prairie du Polygone, bois de la rive gauche du Touch entre les ponts de Saint-Martin et de Blagnac, etc. Août, Septembre. CC.

S. **Umbellata.** S. *En ombelle* (dc. Duby.) S. *Verna* Lapeyr. Dans les prés à Vénerque, d'après le témoignage de M. le docteur Noulet.

VI. Hyacinthus. Jacinthe.

H. **Orientalis.** J. *D'Orient.* Cultivée dans tous les jardins.

H. **Romanus.** J. *De Rome.* Prairie humide touchant le parc de la Joncasse dans la plaine de Lhers derrière Calvinet, etc. Mai. CC.

VII. Muscari. Muscari.

M. **Racemosum.** M. *A grappe.* Dans les champs, sur Calvinet, etc. Mars, Avril. CC. (Fleurs odorantes.)

M. **Comosum.** M. *A toupet.* Dans les champs, les blés, partout. Avril, Mai. CC.

VIII. Ornithogalum. Ornithogale.

O. **Umbellatum.** O. *En ombelle.* Dans les prés, les champs, à Calvinet, partout. Avril, Mai. CC.

O. **Pyrenaïcum.** O. *Des Pyrénées.* Rive gauche près de l'embouchure du Touch, et ailleurs dans les endroits ombragés. Mai, Juin. C.

IX. Allium. Ail.

A. Porrum. A. *Poireau.* Cultivé pour la cuisine. Juin, Juillet.

A. Sativum. A. *Cultivé.* On en fait un très-grand usage dans ce pays. Juin.

A. Multiflorum. A. *Multiflore.* Au bord des champs à Lardenne, etc. Juin. R.

A. Ascalonicum. A. *Echalotte.* Cultivé pour la cuisine. Originaire d'Orient.

A. Sphoero cephalum. A. *A tête ronde.* Deuxième coteau de Pech-David à Pouvourville. Juin, Juillet. C.

A. Vineale. A. *Des vignes.* Vignes à Lardenne, Tournefeuille, à droite de la route de Mondonville après avoir passé le pont du Touch, etc. Juin, Juillet. C. (Son ombelle est quelquefois toute bulbifère et sans fleurs.)

A. Cepa. A. *Ognon.* Cultivé pour la cuisine.

A. Oleraceum. A. *Des lieux cultivés.* Ile de la Poudrerie, etc. Juin. R. (Comme dans le *Vineale*, son ombelle est souvent pleine et sans fleurs.)

A. Schoenoprasum. A. *Civette.* Cette espèce, qui remplit les prairies marécageuses du Gapençais dans les Alpes, est ici cultivée en bordures dans les jardins. Mai, Juin.

A. Pallens. A. *Pâle.* Dans les haies entre les maisons de Saint-Martin et le Touch. Juillet, Août.

A. Roseum. A. *Rose.* Trouvé par M. le docteur Noulet dans une vigne de la rive gauche du Touch, entre l'embouchure et le dernier pont. Mai, Juin. RR.

FAMILLE 77. — COLCHICACÉES.

I. Colchicum. Colchique.

C. Autumnale. A. *D'automne.* Prairies des bords de Lhers. Septembre. R.

FAMILLE 78. — JONCÉES.

I. Juncus. Jonc.

J. Conglomeratus. J. *Aggloméré* DC. J. *Communis.* α

— 91 —

(Duby.) Fossés desséchés devant la butte du Polygone, etc.
Mai. R. (Panicule sessile agglomérée, Spathe foliacée
paraissant le prolongement de la tige. 3 étamines.)

J.   EFFUSUS. J. *Epars* DC. J. *Communis* β. (Duby.) Bords
du chemin de traverse de Lardenne passant près du château
de Bourassol, etc. C. (Cette espèce ne diffère guère, en
effet, de la précédente que par sa panicule lâche, et
M. Duby a peut-être eu raison de les réunir.)

J.   GLAUCUS. J. *Glauque* DC. (Duby.) J. *Inflexus* DC.
C'est celui qui borde le Canal dans toute sa longueur, et qui
défend ses rives contre les mouvemens des eaux. Juin,
Juillet. CC.

J.   SUPINUS. J. *Humble* DC. (Duby.) J. *Uliginosus* (Saint-
Amans, *Fl. ag.*) J. *Subverticillatus* (Weigel.) Abondant dans les lieux fangeux et autour des mares à demi
desséchées du bois de Bouconne du côté de Léguevin.
Juillet. (La synonimie de cette espèce me paraît un peu
embrouillée ; ici ces fleurs sont très-souvent prolifères.)

J.   BUFFONIUS. J. *Des crapauds.* Champs humides et
bords des eaux au Polygone, autour des flaques des
ramiers de la Garonne, etc. Juillet, Septembre. CC.

J.   BULBOSUS. J. *Bulbeux.* Autour de la source et du
lavoir situés derrière le château de *Menerie* dans la
plaine de Casselardit, mares au-delà de Tournefeuille sur
le chemin qui conduit au Touch, dans les fossés qui
entourent la butte du Jardin des Plantes. Juin. C.

J.   LAMPOCARPUS. J. *A fruits lustrés* (Duby.) J. *Sylvaticus,* var. DC. Bords du Canal, derrière la butte du
Polygone, etc. Juin, Juillet. CC.

J.   ACUTIFLORUS. J. *A fleurs aiguës* (Duby.) J. *Sylvaticus,* var. DC. Bords du Canal, etc. Juin.

J.   REPENS. J. *Rampant* DC. (Duby.) Rive droite de
la Garonne en face de la ferme du moulin du Château,
rive gauche au-dessous du faubourg Saint-Cyprien, etc.
Juin, Juillet. C. (Cette espèce, par la manière dont ses
tiges se ramifient, et qui est bien décrite par DC., me
paraît devoir être séparée des deux précédentes.)

J.   OBTUSIFLORUS. J. *A fleurs obtuses* (Duby.) J. *Arti-
culatus* DC. Bords du Canal, surtout au-dessus du pont

des Demoiselles. (Cette espèce est toujours droite , plus élevée que les trois précédentes , et son corymbe est plusieurs fois rameux.) Juillet , Août. CC.

II. Luzula. Luzule.

L.   Campestris. L. *Des champs.* Prairie vieille du Polygone , de Menerie dans la plaine de Casselardit , etc. Mars , Avril. CC.

L.   Vernalis. L. *Printanière.* Au pied du bois de Balma contre le ruisseau , etc. Mai , Avril.

FAMILLE 79. — AROIDES.

I. Arum. Gouet.

A.   Vulgare. G. *Commun.* Le long des haies , des bois , partout. Avril , Mars. CC.

FAMILLE 80. — TYPHACÉES.

I. Thypha. Massette.

T.   Latifolia. M. *A larges feuilles.* Petits marais près de la fontaine du Béarnais au-delà du Canal. Mai , Juin.

T.   Angustifolia. M. *A feuilles étroites.* Petit étang près de la tuilerie des Récollets. Mars , Juin. R.

II. Sparganium. Rubanier.

S.   Ramosum. R. *A épi rameux.* Fossés pleins d'ean des prairies du Port-Garaud , etc. Juin , Juillet. CC.

FAMILLE 81. — CYPERACÉES.

I. Cyperus. Souchet.

C.   Longus. S. *Long.* Prairies du Port-Garaud , bords du Canal , etc. Juillet , Août. CC.

C.   Fuscus. S. *Brun.* Banquettes inondées du Canal , bords du petit marais situé un peu au-delà de l'écluse du Béarnais , îles de la Garonne au-dessus de la traille du moulin du Château , etc. Juillet , Septembre. C.

C. Flavescens. S. *Jaunâtre*. Petit marais derrière la ferme située à gauche de la butte du Polygone. Août. (Cette espèce ressemble à la précédente ; mais elle est généralement plus petite , et ses épillets sont jaunes , et non pas noirâtres.)

II. Scirpus. Scirpe.

S. Palustris. S. *Des marais*. Bords du Canal , lieux humides au Polygone , etc. Mars , Septembre. CC.

S. Setaceus. S. *Sétacé*. Rigole du petit marais situé derrière la ferme à gauche de la butte du Polygone. Lieux humides des prés de la rive gauche du Touch entre les ponts de Tournefeuille et de Saint-Martin , bois de Bouconne. Juillet, Août.

S. Holoschoenus. S. *A têtes rondes*. Bords de la Garonne , fossés du cours de Brienne , etc. Mai , Juin. CC.

S. Lacustris. S. *Des lacs*. Parties stagnantes du Touch , étangs des ramiers de la Garonne au-dessus du château de Bracqueville , etc. Juin , Juillet. CC.

S. Maritimus. S. *Maritime*. Rives de la Garonne , fossés pleins d'eau croupissante , à gauche de l'avenue de la route d'Albi le long du chemin qui conduit à la ferme de la Pujade , etc. Mai , Juillet. C.

S. Sylvaticus. S. *Des bois*. Fossés de la rive droite de la Garonne en face de la digue de Bracqueville , étangs des ramiers de la rive gauche au-dessus du château de même nom. Juin , Juillet. R.

III. Eriophorum. Linaigrette.

E. Polystachium. L. *A épis nombreux*. Marais de Bouconne. Avril , Mai. R.

Obs. J'ai vu dans l'herbier de Lapeyr. un échantillon à peine fleuri de cette plante, avec l'étiquette : *Carex alopecuros !* Cette erreur n'a pu être commise par l'auteur.

IV. Carex. Carex.

C. Vulpina. C. *Jaunâtre*. Bords du Canal de Brienne et de tous les fossés. Mai , Juin. CC.

C. Divulsa. C. *Ecarté.* Le long des fossés desséchés en allant de Lardenne à la Ramette, etc. Mai, Juin. C.

C. Muricata. C. *Rude.* Lieux herbeux et incultes du Polygone, etc. Mai, Juin. C. (On trouve des intermédiaires entre cette plante et la précédente, qui font croire qu'on devrait les réunir.)

C. Teretiuscula. C. *Arrondi.* Bords du Canal, prés marécageux des bords de Lhers, le long des chemins et des haies dans la plaine de Casselardit, à Colommiers, etc. Avril, Mai. CC. (Je me suis assuré que ce Carex est bien celui de Lapeyr.)

C. Paniculata. C. *En panicule.* Forme de gros gazons le long d'un large fossé derrière le château de *Menerie* à Casselardit, autour du petit étang situé près de la fontaine du Béarnais, etc. Mai, Juin. C.

C. Ovalis. C. *Ovale.* Bords des flaques dans les ramiers de la Garonne au-dessus du château de Bracqueville. Mai, Juin. RR. (Fruits bordés d'une large membrane.)

C. Remota. C. *Espacé.* Lieux humides et très-ombragés de la rive droite du Touch, entre le pont de Blagnac et le premier moulin, bords du ruisseau des Vaches au bois de la Ramette. Juin, Juillet. R.

C. Stricta. C. *Roide.* Sur la rive gauche du Touch, entre son embouchure et le pont de Saint-Michel. Avril, Mai.

C. Proecox. C. *Précoce.* Prairie vieille du Polygone, bois taillis à Colommiers près du château de l'*Armurier*, etc. Avril, Mai. C. (Fruits pubescens en forme de poire.)

C. Glauca. C. *Glauque* DC. (Duby.) C. *Recurva* (Hudson.) Prairies, bords du Canal, etc. Avril, Mai. CC.

C. Hirta. C. *Hérissé.* Bords du Canal de Brienne, petit marais près de la fontaine du Béarnais, etc. Mai, Juin. CC.

C. Distans. C. *Espacé.* Derrière la butte du Polygone, sur les bords du Canal de Brienne, etc. Juin. C.

C. Panicea. C. *Panic.* Prés marécageux de la plaine de Casselardit sur la rive gauche de la Garonne. Mai.

C. Pseudocyperus. C. *Faux-Souchet.* Fossés du Port-Garaud, déversoirs du Canal, etc. Juin, Juillet. C.

C. Maxima. C. *Elevé.* Le long du ruisseau à gauche de

la butte du Polygone, à Blagnac sur les bords de l'allée ombragée du parc parallèle à la rivière, etc. Avril, Mai. C.

C. RIPARIA. C. *Des rives.* Le long de tous les fossés pleins d'eau , près de la fontaine de Bourassol , etc. Avril, Mai. CC.

FAMILLE 82. — GRAMINÉES.

I. MAYS. MAÏS.

M. ZEA. M. *Commun.* Cultivé à Toulouse sous les noms de *Millas* , de gros millet.

II. HOLCUS. HOUQUE.

H. ALEPENSIS. H. *D'Alep.* Complètement naturalisée dans les champs et les vignes des deux rives de la Garonne, entre Toulouse et Blagnac. Juillet , Août.

H. SORGHUM. H. *Sorgho.* Cultivée en bordures dans les champs de maïs, sous le nom de Petit-Millet.

III. ANDROPOGON. BARBON.

A. ISCHOEMUM. B. *Pied-de-Poule.* Bords de la Garonne en face des îles du moulin du Château, etc. Dans les lieux secs. Août, Septembre. CC.

IV. CYNODON. CYNODON.

C. DACTYLON. C. *Chiendent* (Duby.) *Paspalum* DC. Lieux secs , bords des chemins , partout. Juillet , Septembre. CC.

V. DIGITARIA. DIGITAIRE.

D. SANGUINALIS. D. *Purpurine* (Duby.) *Paspalum* DC. Champs , pépinières de Calvinet , etc. J^t. Sept. CC.

VI. TRAGUS. TRAGUS.

T. RACEMOSUS. T. *En grappe.* Terres sablonneuses, atterrissemens de la Garonne au-dessus de la ferme de Bracqueville , bords des champs près de la fontaine du Béarnais, etc. Juin , Août. C.

VII. Leersia. Léersie.

L. Oryzoides. L. *A fleurs de riz.* Sur les bords du Canal dans les joncs. Août, Septembre. CC.

VIII. Agrostis. Agrostis.

A. Stolonifera. A. *Stolonifère* (Duby.) A. *Verticillata* vill. Excavations humides formées par l'enlèvement·des terres autour de la tuilerie de Bourassol. Juillet, Août.

A. Alba. A. *Blanc* dc. Duby. var. β. A. *Decumbens* (Duby.) A *Stolonifera* dc. Bords des fossés, champs de la plaine de Casselardit, etc. Juillet, Août. CC.

A. Vulgaris. A. *Commun.* Champs au Polygone, etc. Juillet, Août. C.

A. Spica-Venti. A. *Jouet des vents.* Champs de la rive gauche de la Garonne avant d'arriver à la ferme de Bracqueville. Juillet. RR.

A. Canina. A. *Des chiens.* Bords des fossés ,et des champs au Polygone. Juillet, Août.

IX. Milium. Millet.

M. Lendigerum. M. *Ventru* (Duby.) *Agrostis* dc. Partout dans les chaumes après la moisson. Jᵗ. S. CC.

X. Panicum. Paniç.

P. Miliaceum. P. *Millet.* Cultivé pour la volaille. On le trouve partout semé de lui-même au bord des champs et des chemins. Juillet, Septembre. C.

P. Crus galli. P. *Pied de coq.* Le long du Canal et dans tous les fossés humides. Juillet, Septembre. CC.

P. Glaucum. P. *Glauque.* Champs entre le faubourg Saint-Michel et la rivière, atterrissemens de la Garonne au-dessus du château de Bracqueville, etc. Juillet, Août. C. (Se distingue, au premier coup d'œil, des deux suivans par la couleur jaune de ses épis qui sont très-serrés.)

P. Viride. P. *Vert.* Champs sablonneux, cultures, jardins, partout. Juillet, Septembre. CC. (Soies lisses, ou à peine rudes à la maturité.)

P. Verticillatum. P. *Accrochant*. Mêmes lieux, et aussi commun que le précédent. Juillet, Septembre. (Soies très-rudes et accrochantes.)

XI. Phalaris. Alpiste.

P. Arundinacea. A. *Roseau* (Duby.) *Calamagrostis colorata* DC. Bords du Canal, rives de la Garonne. Juin, Juillet. CC.

P. Canariensis. A. *Des Canaries*. Naturalisé dans les cultures du Jardin des Plantes. Juin.

XII. Phleum. Phléole.

P. Pratense. P. *Des prés*. Lisière des prés à Puybusque, bords de la Garonne en face de Blagnac, etc. Mai, Juin. C. var. β. à racine bulbeuse et à panicule ordinairement plus courte, au bord des bois à Beaupuy. (*Phleum nodosum* DC.)

P. Phalaroides (Kœler.) *Phalaris phleoides* (DC. Duby.) Lieux secs, bords du Canal entre le pont des Demoiselles et le Petit-Espinet, etc. Mai, Juin. C.) Ressemble à la Phléole des prés.)

XIII. Alopecurus. Vulpin.

A. Pratensis. V. *Des prés*. Prairies humides de Pibrac, au pied de la vieille prairie du Polygone, etc. Mai. C.

A. Agrestis. V. *Des champs*. Prairies artificielles, champs sur la rive gauche de la Garonne entre le château de Gounon, dit la *Poudrette*, et celui de Bracqueville, etc. Mai, Juin. CC.

A. Geniculatus. V. *Genouillé*. Fossé inondé de l'ancienne route de Lombez à gauche du Polygone, parties marécageuses des prairies de Pibrac, etc. Juin, Juillet. C.

XIV. Anthoxanthum. Flouve.

A. Odoratum. F. *Odorante*. Dans les prés, les bois, partout. (C'est la première graminée qui fleurit ici.) Avril, Mai. CC.

XV. Melica. Mélique.

M. **Ciliata**. M. *Ciliée*. Dans les haies, au bord des routes, de Lardenne à la Ramette, de la plaine de Casselardit, etc. Juin, Juillet. C.

XVI. Aira. Canche.

A. **Coespitosa**. C. *En gazon.* var. β DC. A. *Altissima Lamarck.* A la Ramette sur les bords du ruisseau des Vaches, dans le bois et hors du bois. Juillet, Août. R. (Cette variété s'élève à plus d'un mètre ; ses fleurs sont plus petites et plus pâles que dans l'espèce ordinaire ; sa panicule est grande et très-étalée.)

A. **Caryophyllea**. C. *Caryophyllée.* Lieux secs et arides, le long de la haie du Polygone à droite de la butte, dans les bois de Balma, de Colommiers, etc. Mai, Juin. C. (Dans cette espèce je n'ai jamais vu l'arête partir de la base de la balle, mais toujours implantée un peu au-dessus sur le dos de celle-ci.)

XVII. Avena. Avoine.

A. **Mollis**. A. *Molle.* Au-delà de l'écluse Bayard sur les bords du chemin creux qui monte sur le dernier coteau de Calvinet. Je ne l'ai vue que là. Juin. R. (Plante moins velue que la suivante, arête droite, plus longue, base des balles garnie de poils.)

A. **Lanata**. A. *Laineuse.* Lieux gras et humides, bords du Canal, etc. Juin, Juillet. CC.

A. **Elatior**. A. *Fromental.* Champs, prés artificiels, fossés du Polygone du côté de Perpau, etc. Juin, Juillet, CC.

A. **Flavescens**. A. *Jaunâtre.* Dans les prés, sur les bords du Canal, etc. partout. Juin, Août. CC.

A. **Fragilis**. A. *Fragile.* Dans les prés au Polygone, sur les bords du Canal, etc. Mai, Juin. CC.

A. **Pubescens**. A. *Pubescente.* Prairies du Port-Garaud, des bords du Touch au-dessous du pont de Tourne-feuille, etc. Mai, Juin. C.

A.   Sativa. A. *Cultivée.* On la cultive partout.

A.   Fatua. A. *Folle.* Dans les moissons, sur les bords du Canal, etc. partout. Juin, Juillet. CC.

XVIII. Danthonia. Danthonie.

D.   Decumbens. D. *Inclinée* dc. (Duby.) *Festuca* lin. Cettte plante, indiquée par tous les auteurs dans les lieux secs, vient ici abondamment dans un petit pré presque marécageux de la plaine de Casselardit, à droite du chemin, après avoir dépassé le château de *Menerie.* Mai.

XIX. Bromus. Brome.

B.   Secalinus. B. *Seigle.* Dans les champs. Juin, Juillet.

B.   Mollis. B. *Mollet.* Dans les prés artificiels, etc. partout. Mai, Juin. CC.

B.   Arvensis. B. *Des champs.* Rive droite de la Garonne au pied de Pech-David dans les oseraies, etc. Juin, Juillet. C.

B.   Erectus. B. *Droit* dc. (Duby.) B. *Perennis* vill. Prés secs à Portet, pâturages de la rive gauche de la Garonne au-dessus de Bracquevile, prairie du Jardin des Plantes, etc. Mai, Juin. C. (Cette espèce est vivace; elle se trouve deux fois dans l'herbier de Lapeyr., une fois sous son véritable nom, et une autre sous celui de B. *Glaucus.*)

B.   Asper. B. *Rude.* Bois des coteaux qui bordent la Garonne sous Vieille-Toulouse. Juin. (Cette espèce ne descend jamais dans les plaines.)

B.   Sterilis. B. *Stérile.* Sur les bords des chemins, des berges sèches du Canal, etc. Mai, Juillet. CC.

B.   Tectorum. B. *Des toits.* Sur les graviers de la Garonne au-dessous de Portet, etc. Mai, Juin. (Dans cette espèce très-voisine de la précédente, les épillets sont encore plus penchés et plus luisans; mes échantillons sont, au reste, identiquement les mêmes que ceux de l'herbier de Lapeyr.)

B.   Madritensis? Brome de Madrid? *an* B. *Sterilis* var.)? Je ne suis pas sûr de cette espèce ne l'ayant jamais vue dans aucun herbier. Ses épillets sont moins penchés que dans les deux précédentes ; leurs arêtes sont très-longues, les fleurs rudes de haut en bas , les pédicelles ciliés-rudes, dilatés au sommet ; mais ce dernier caractère se trouve plus ou moins prononcé dans les espèces voisines. Bords du Canal , etc. Mai , Juin. C.

XX. Festuca. Fétuque.

F.   Ciliata. F. *Ciliée.* Lieux arides et pierreux, chemin de Lardenne à la Ramette , fossés des batteries au Polygone , etc. Juin. C.

F.   Myurus. F. *Queue de rat* dc. Duby. *Bromus geniculatus* Lapeyr. (Vu dans son herbier.) Champs, prés artificiels au pied de Calvinet, etc. Mai, Juillet. CC. (La *Festuca bromoides* diffère-t-elle de cette espèce ?)

F.   Duriuscula. F. *Dure* Duby. dc. ? F. *Ovina* dc. Supplément. Abondante sur les coteaux de Pech-David , etc. (Les deux var. à épillets glabres et pubescens.) Juin, Juillet. C. Feuilles presque glauques , roulées-filiformes , souvent contournées. Mes échantillons sont identiquement les mêmes que ceux de Lapeyrouse.

Obs. On a indiqué aussi la F. *Ovina* à Pech-David ; mais on a sans doute pris pour celle-ci une var. de la précédente. La vraie F. *Ovina* que j'ai cueillie dans les Alpes sur le mont Aurouse , a les chaumes légèrement tétragones au sommet , les feuilles très-vertes , flexibles et rudes quand on les glisse entre les doigts.

F.   Spadicea. F. *Dorée.* Cette espèce, qu'on ne trouve ordinairement que dans les pâturages très-élevés des Alpes et des Pyrénées , vient ici dans le petit bois de Colommiers situé près du château de l'*Armurier*, et que nous avons déjà eu occasion de citer. Mai. R.

F.   Arundinacea. F. *Roseau.* Pech-David , bords de la Garonne et du Canal , etc. Mai, Juillet. CC. (Racines rampantes.)

F.   Elatior. F. *Elevée.* Petit pré-marais située au-delà de la fontaine de Bourassol à l'entrée de la plaine de Casselardit. Mai , Juin. R. (Sa racine est fibreuse, ce qui la distingue bien de la F. *Arundinacea.*)

F. Coerulea. F. *Bleue* dc. Duby. *Molinia* (Koeler.)
Aira lin. (*Arundo agrostis* Lapeyr. Vu dans son herbier.)
Parties marécageuses des prairies situées près de la fontaine
de Bourassol, bois de Bouconne. Juillet, Septembre. R.

XXI. Arundo. Roseau.

A. Phragmites. R. *Commun.* Bords de la Garonne, dans
les fossés à gauche de la fontaine de Bourassol, etc.
Juillet, Septembre. C.

A. Donax. R. *Cultivé.* Je l'ai vu cultivé ici en plusieurs
endroits pour la pêche à la ligne.

XXII. Dactylis. Dactyle.

D. Glomerata. D. *Aggloméré.* Prairies, bords du Canal, etc. partout. Juin, Septembre. CC.

XXIII. Koeleria. Koelerie.

K. Cristata. K. *En crête.* Lieux secs, berges du Canal,
bords herbeux de la Garonne en face de Blagnac, bois
de la Ramette, etc. Juin, Juillet. CC.

K. Phleoides. K. *Phléole* dc. Duby. F. *Phleoides* vill.
dc. Lieux secs, Pech-David, bords des routes, etc. Juin,
Juillet. CC.

XXIV. Poa. Paturin.

P. Compressa. P. *Comprimé.* Au-dessus des vignes du
deuxième coteau de Pech-David dans un terrain sablonneux, sables de la Garonne., etc. Juin, Juillet.

P. Bulbosa. P. *Bulbeux.* Champs, pâturages, murailles,
partout. Mai, Juin. CC. (La variété à fleurs vivipares,
est celle qu'on trouve le plus communément ici.)

P. Trivialis. P. *Commun* (Duby.) P. *Scabra* dc. Loi-
seleur. Dans les prés, sur les bords du Canal. Juin,
Juillet. C. (Racine fibreuse, languette des gaînes allongée.)

P. Pratensis. P. *Des prés.* (Racine rampante, languette
très-courte et obtuse.) La var. α P. *Pratensis* dc. vient
surtout dans les pâturages sablonneux des bords de la
Garonne au-dessus de Bracqueville, etc. La var. β.

P. *Augustifolia* DC., se trouve partout dans les lieux secs et herbeux. Mai, Juin. CC.

P.   ANNUA. P. *Annuel.* Cette espèce vient partout, et fleurit ici presque toute l'année.

P.   AQUATICA. P. *Aquatique.* J'ai vu cette belle espèce naturalisée dans les fossés de la butte du Jardin des Plantes. Juillet.

P.   RIGIDA. P. *Roide.* Sommet des hauteurs de Calvinet au bord du chemin creux, sur le deuxième coteau de Pech David dans les terres arides sablonneuses, etc. Juin, Juillet. C.

P.   MEGASTACHYA. P. *A gros épillets* DC. Duby. *Briza eragrostis* LIN. Dans les champs, les jardins, dans toutes les terres meubles. Août, Septembre. CC.

P.   PILOSA. P. *Poilu* DC. Duby. P. *Eragrostis* VILL. Champs secs, au Polygone, etc. partout. Juillet, Septembre. CC.

Obs. On indique aussi dans les environs de Toulouse, le P. *Eragrostis* DC. Duby. Je ne l'y ai point rencontré, ou je n'ai pas su le distinguer du précédent.

P.   AIROIDES. P. *Canche* DC. Duby. *Aira aquatica* LIN. Fossés pleins d'eau sur le chemin du château de Saint-Michel au pied de la côte, dans les lieux frais et fangeux du bois de la Ramette près du ruisseau des Vaches, etc. Mai, Juin. C.

P.   FLUITANS. P. *Flottant* DC Duby. *Festuca* LIN. Bords du Canal, fossés inondés, flaques, etc. Juin, Août. CC. (J'ai vu cette plante sous le nom de *Festuca loliacea*, dans l'herbier de Lapeyrouse ; mais c'est sans doute une transposition d'échantillon.)

XXV. BRIZA. BRIZE.

B.   MEDIA. B. *Amourette.* Dans les prés, partout. Juin, Juillet. CC.

B.   MINOR. B. *A petites fleurs* (Duby.) B. *Virens* DC. Rive gauche de la Garonne dans les premières saussaies qu'on trouve au-dessus du château de Gounon, dit *la Poudrette.* Juin, Juillet. R. (Racine annuelle.)

XXVI. Cynosurus. Cynosure.

C. Cristatus. C. *A crêtes.* Dans les prés derrière le château de *Menerie* dans la plaine de Casselardit, etc. Mai, Juin. C.

C. Echinatus. C. *Hérissé.* Champs sablonneux de la rive gauche de la Garonne au-dessus de Bracqueville, chemin du Canal entre les portes Matabiau et des Minimes, etc. Mai, Juin. C.

XXVII. Chamagrostis. Chamagrostis.

C. Minima. C. *Naine* DC. Duby. *Agrostis* LIN. Elle vient abondamment sur les bords sablonneux du chemin qui, du pont de Tournefeuille, conduit à Colommiers, etc. Avril.

XXVIII. Ægilops. Egilope.

Æ. Ovata. E. *Ovale.* Pelouses arides, sommet de Pech-David au bord de l'escarpement, rives de la Garonne, etc. Juin, Juillet. C.

XXIX. Triticum. Froment.

T. Sativum. F. *Commun.* On en cultive plusieurs variétés à Toulouse.

T. Repens F. *Chiendent.* Dans les haies, au bord des champs, partout. Juin, Août. CC. (Racine rampante.) La var. γ (Duby.) *Triticum pungens* DC. A feuilles plus ou moins glauques, sur les bords de la Garonne au-dessus de Portet et ailleurs.

T. Pinnatum. F. *Corniculé* DC. Duby. *Bromus* LIN. Lieux secs, berges du Canal, bords de la Garonne, etc. partout. Juin, Juillet. CC.

T. Sylvaticum. F. *Des bois* DC. Duby. *Bromus dumosus* VILL. Il vient en abondance dans les endroits très-ombragés de l'île de la Poudrerie et ailleurs. Juin, Juillet.

T. Ciliatum. F. *Cilié* DC. Duby. *Bromus distachyos* LIN. Indiqué par M. le docteur Noulet, à Pech-David, où je ne l'ai jamais rencontré.

T. Nardus. F. *Faux-Nard.* Berge de la rive droite du Canal entre l'écluse Bayard et le pont de Guilleméry,

au-dessus de Pech-David dans les terres un peu sablonneuses. Mai , Juin. (Sa racine m'a paru annuelle, et non
vivace comme l'indique Duby.)

XXX. Secale. Seigle.

S.   Cereale. S. *Cultivé*. On le cultive ici dans les mau-
vaises terres.

XXXI. Lolium. Ivraie.

L.   Perenne. I. *Vivace*. Prés , sentiers, bords du Canal,
partout. Juin , Août. CC.
L.   Tenue. I. *Menue*. Prairie du Jardin des Plantes, autour
de la butte. Juin. (N'est, selon toute apparence, qu'une var.
de la précédente.)
L.   Temulentum. I. *Enivrante*. Dans les blés , heureusement très-rare aux environs de Toulouse. Juin.

XXXII. Hordeum. Orge.

H.   Vulgare. O. *Commune*. Cultivée. (Je n'ai pas eu
encore occasion d'examiner si l'on cultive ici les H. *Hexas-
ticum* et *Distichum*.)
H.   Murinum. O. *Queue de souris*. Murs , chemins ,
partout. Juillet, Septembre. CC.
H.   Secalinum. O. *Faux-Seigle*. Prairie de la plaine de
Lhers touchant le parc de la Joncasse derrière Calvinet.
Juin. R.

FAMILLE 83 ? (1) — LEMNACÉES.

I. Lemna. Lenticule.

L.   Minor. L. *Exiguë*. Eaux dormantes , fossés du Port-
Garaud , etc. Mai, Juin. CC.
L.   Trisulca. L. *A trois lobes*. Dans les eaux vives de la
plaine de Casselardit sur la rive gauche de la Garonne
au-dessous de Saint-Cyprien. Juin , Juillet. C.

---

(1) Le signe de doute est relatif à la place occupée par cette
famille et la suivante.

Sous-Classe II. MONOCOTYLEDONÉES
CRYPTOGAMES.

FAMILLE 84? (1) — CHARACÉES.

I. Chara. Charaigne.

C. Vulgaris. C. *Commune*. Eaux croupissantes, déversoirs du Canal au-dessus du pont des Demoiselles, etc. Mai, Juin. C.

FAMILLE. 85. — EQUISÉTACÉES.

I. Equisetum. Prêle.

E. Arvense. P. *Des champs*. Bords de Lhers, berges du Canal entre l'écluse Bayard et le pont de Guilleméry, etc. Mars, Avril. CC.

E. Fluviatile. P. *Des fleuves*. Petit ramier de la rive droite de la Garonne en face de la digue de Bracqueville, etc. Avril, Mai. C.

E. Palustre. P. *Des marais*. Bords de la Garonne au-dessus du bac de la grande île du moulin du Château, etc. Mai, Juin. C.

E. Hiemale. P. *D'hiver*. Dans la grande île du moulin du Château sur la rive droite de l'ancien lit de la rivière. Mars, Mai. R.

FAMILLE 86. — FOUGÈRES.

I. Ceterach. Cétérach.

C. Officinarum. C. *Commun*. Vieilles murailles humides. Je l'ai cueilli sur un vieux mur de la Fonderie, qui depuis a été reconstruit ; mais je ne doute pas que la plante ne vienne ailleurs. Mars. R.

---

(1) Le signe de doute est relatif à la place occupée par cette famille.

II. Polypodium. Polypode.

P. Vulgare. P. *Commun.* Vieux murs, bois de Balma dans le petit ravin en face du Château, etc. Mars. C.

III. Polystichum. Polystic.

P. Thelypteris. P. *A lobes roulés.* Bords des eaux derrière le château de *Menerie* dans la plaine de Casselardit. Juillet, Septembre.

P. Aculeatum. P. *A aiguillons.* Haies fourrées près de la ferme située à gauche de la butte du Polygone, rive droite très-ombragée du Touch, entre le pont de Blagnac, et le premier moulin, etc. Mars, Juin. C.

IV. Asplenium. Doradille.

A. Adianthum-Nigrum. D. *Noire.* Rive droite du Touch près du pont de Blagnac, le long des haies sur le chemin de Lardenne à la Ramette, etc. Mars, Août. C.

A. Ruta-Muraria. D. *Rue des murailles.* Sur le mur d'enceinte du parc du Petit-Espinet près de Sainte-Agne, etc. Mai. R.

A. Trichomanes. D. *Politric.* Rive droite du Touch au-dessus du pont de Blagnac, bords des haies derrière les Minimes, etc. Mai, Août. C.

V. Scolopendrium. Scolopendre.

S. Officinale. S. *Langue de cerf.* Dans le puits de l'île de la Poudrerie, etc. Juin, Juillet.

VI. Pteris. Ptéris.

P. Aquilina. P. *Aigle-Impérial.* Bois de Vieille-Toulouse, etc. Juillet, Août. CC. (Cette espèce doit son nom à la figure d'aigle qu'offre la coupe transversale de sa racine ou même de la partie inférieure de ses pétioles.)

VII. Adianthum. Adianthe.

A. Capillus veneris. A. *Capillaire.* Berge humide et escarpée de la rive gauche de la Garonne au-dessous de la fontaine de Bourassol, etc. Juillet, Août.

MÉTHODE DE BOTANIQUE

RÉDUITE ET APPLIQUÉE

A LA FLORE DE TOULOUSE.

La Méthode analytique de l'illustre de Candolle a l'avantage inappréciable d'attacher et d'intéresser l'Elève dès ses premiers pas, en exerçant agréablement son esprit, par une série de questions faciles qu'elle lui offre successivement à résoudre. Elle a été mon seul guide, et, je puis dire, mon unique maître dans l'étude d'une science à laquelle j'ai dû de si douces jouissances.

Je crois qu'une analyse bien faite des genres et des espèces d'une localité restreinte comme celle de Toulouse, peut, avec l'indication des lieux et des époques de floraison, remplacer une flore proprement dite, c'est-à-dire, surchargée de phrases et de longueurs inutiles. En effet, l'analyse des genres donne les caractères essentiels des familles principales et ceux de tous les genres, et l'analyse des espèces offre avec précision les différences les plus tranchées qui séparent les plantes d'un même genre, et qu'on délaye ordinairement dans de longues descriptions. Ces analyses ne suffiraient peut-être pas dans une flore très-étendue, celle de

France, par exemple; mais quand le nombre des genres et des espèces est très-réduit, comme ici, l'Elève ayant à parcourir, dans la Méthode, un chemin beaucoup plus court pour arriver au nom de la plante, a bien moins de chances de s'égarer en route.

Nous pensons que cette Méthode est si simple, qu'elle n'a pas besoin d'explication. L'Elève a constamment à répondre à deux questions réunies par une accolade, et il est conduit, après chaque réponse, par un numéro à une division ou accolade plus ou moins éloignée, qui porte le même chiffre que celui placé à la suite de la question résolue. Il marche ainsi de divisions en divisions, jusqu'à ce qu'il parvienne au nom du genre ou de l'espèce.

Dans l'analyse qui suit, lorsque le genre auquel l'elève est conduit ne contient ici qu'une espèce, je renvoie directement à la page du Catalogue où ce genre est classé. Quand le genre renferme plusieurs espèces, je renvoie, par un nombre en chiffres romains à l'analyse des espèces, où ce même nombre se trouve répété.

MÉTHODE ANALYTIQUE

DE DE CANDOLLE,

POUR ARRIVER A LA DÉTERMINATION DES GENRES,

RÉDUITE ET APPLIQUÉE A LA FLORE DE TOULOUSE.

1 { Fl. disctinctes ou à organes sexuels visibles sans microscope. 2
{ Fl. nulles ou indistinctes. 549

2 { Fl. réunies dans un involucre commun. 3
{ Fl. non réunies dans un involucre commun. . . . 4

3 { Anthères soudées. 484
{ Anthères libres. 4

4 { Fl. hermaphrodites. 5
{ Fl. unisexuelles. 414

5 { Périgone double; cal. et cor. 6
{ Périgone simple ou nul. 310

6 { Cor. monopétale 7
{ Cor. polypétale. 117

MONOPÉTALES.

7 { Ovaire libre ou dans la cor. 8
{ Ovaire adhérent au cal. ou sous la cor. 100

8 { 1-5 étam. 9
{ 6 étam. ou plus. 95

9 { Cor. régulière. 10
{ Cor. sensiblement irrégulière. 50

10 { 5 étam. 11
{ 1-4 étam. 38

11 { Etam. alternes avec les lobes de la cor. 12
{ Etam. placées devant les lobes de la cor. 14

12 { Feuil. nulles, radicales ou alternes. 13
{ Feuil. opposées ou verticillées. 34

13 { Ovaire simple. 17
{ Ovaire à 2-4 lobes. 24

29 { Cor. en entonnoir ou en soucoupe à lobes assez profonds 30
Cor. en cloche tubuleuse à lobes très-courts. . . . . SYMPHITUM (p. 60.)

30 { Tube de la cor. droit. 31
Tube de la cor. courbé. . . . . LYCOPSIS (p. 61.)

31 { Cor. en soucoupe à lobes souvent échancrés. . . . . , ... MYOSOTIS (CXX)
Cor. en entonnoir à lobes très-entiers. 32

32 { Cal. régulier. 33
Cal. irrégulier. . . . . ASPERUGO (p. 61.)

33 { Graines ou noix attachées latéralement à la base du style. . . . . CYNOGLOSSUM (p. 61.)
Graines ou noix attachées au fond du cal. . . . . ANCHUSA (p. 61.)

34 { 1 ovaire. 35
2 ovaires sous 1 style. 37

35 GENTIANÉES { 5-7 étam. 36
8 étam. ; fl. jaunes assez grandes. . . . . CHLORA (p. 59.)
4 étam. ; fl. roses très-petites. . . . . EXACUM (p. 59.)

36 { Anthères tordues en spirale après la fécondation ; fl. roses. . . . . CHIRONIA (p. 59.)
Anthères jamais tordues ; fl. bleues. GENTIANA (p. 59.)

37 APOCYNÉES { Cal. à 5 parties ; cor. bleue en soucoupe. . . . . VINCA (p. 58.)
Cal. à 5 lobes ; cor. blanchâtre en roue. . . . . CYNANCHUM (p. 58.)

38 { 4 étam. 39
1-3 étam. 44

39 { Plante feuillée. 40
Plante sans feuil. . . . . CUSCUTA (p. 59.)

40 { Cor. aride, membraneuse ; fl. en épi serré. . . . . PLANTAGO (CXLII.)
Cor. non aride, ni membraneuse. 41

41 { Feuil. opposées le long de la tige. 42
Feuil. radicales ou alternes. 43

42	1 ovaire; 2 étam. courtes et 2 longues; fl. bleuâtres. . . . . VERBENA (p. 71.)
	4 ovaires au fond du cal. 70
43	Fl. réunies en tête serrée; cor. bleue. . . . . GLOBULARIA (p. 73.)
	Fl. non réunies en tête; cor. blanche; arbrisseau à feuil. épineuses. . . . . ILEX (p. 18.)
44	1 ovaire. 45
	4 ovaires au fond du cal. . . . . LYCOPUS (p. 67.)
45	1 style. 46
	3 styles. . . . . MONTIA (p. 34.)
46	Cor. en roue. . . . . VERONICA (CXXIX.)
	Cor. tubuleuse en soucoupe ou en entonnoir. . . 47
47	Cal. et cor. à 4 lobes. 48
	Cal. et cor. à 5 lobes. . . . . . JASMINUM (p. 58.)
48	Fruit charnu; fl. toujours blanches. 49
	Fruit non charnu; fl. lilas ou blanches. LILAC (p. 58.)
49	Fl. en grappes terminales. . . LIGUSTRUM (p. 58.)
	Fl. axillaire. . . . . OLEA (p. 58.)
50	5 étam. 51
	1-4 étam. 54
51	1 ovaire. 52
	4 ovaires au fond du cal. . . . . ECHIUM (CXVIII)
52	Etam. libres. 18
	Etam. réunies toutes ou plusieurs ensemble. . . 53
53	Feuil. simples. . . . . POLYGALA (XXIII.)
	Feuil. ternées. . . . . TRIFOLIUM (XLVI.)
54	1 ovaire. 55
	4 ovaires au fond du cal. 70
55	2 étam. fertiles. 56
	3 étam. fertiles. . . . . MONTIA (p. 34.)
	4 étam. fertiles. 58
56	Cor. éperonnée à la base; feuil. finement découpées. . . . . UTRICULARIA (p. 72.)
	Cor. non éperonnée à la base. 57
57	2 étam. fertiles et 2 filets stériles; cor. tubuleuse. . . . . GRATIOLA. (p. 63.)
	Point de filets stériles; cor. en roue. . . . . VERONICA (CXXIX)

58 { Fl. réunies en tête dans un involucre commun. GLOBULARIA (p. 73.)
Fl. libres non réunies dans un involucre commun. 59

59 { Feuil. nulles, radicales ou alternes. 60
Feuil. opposées ou verticillées. 63

60 { Feuil. nulles ou remplacées par des écailles. . . 61
Plante feuillée. 62

61 { Cal. le plus souvent latéral et de 2 pièces; stigm. bifide. . . . . OROBANCHE (CXXVI.)
Cal. en cloche, à 4 lobes; stigm. simple. . . . . LATHROEA (p. 65.)

62 { Cor. à 2 lèvres éperonnée à la base. LINARIA (CXXIV.)
Cor. à 2 lèvres bossue à la base. ANTHIRRINUM (CXXIII.)

63 { Cal. à 4 dents ou à 4 lobes. 64
Cal. à 5 divisions. 66

64 { Epi imbriqué de bractées colorées et serrées. . . . . MELAMPYRUM (CXXVII.)
Bractées lâches, foliacées ou nulles. 65

65 { Cal. renflé; anthères non épineuses. . . . . RHINANTHUS (p. 66.)
Cal. non renflé; anthères épineuses à la base. . . . . EUPHRASIA (CXXVIII.)

66 { Cor. à 2 lèvres très-distinctes. 67
Cor. à lobes non disposées en 2 lèvres. 68

67 { Cor. éperonnée ou bossue à la base. 62
Cor. non éperonnée ni bossue à la base; feuil. très-découpées. . . . . PEDICULARIS (p. 66.)

68 { Cor. presque globuleuse. . SCROPHULARIA (CXXV.)
Cor. tubuleuse. 69

69 { Fl. solitaires à l'aisselle des feuil. GRATIOLA (p. 63.)
Fl. en épis grêles presque nus. . VERBENA (p. 71.)

70 LABIÉES { 2 étam. fertiles. 71
4 étam. fertiles. 72

71 { Cor. à 2 lèvres bien distinctes ; 2 étam. fertiles attachées à un support transversal. SALVIA (CXXX.)
Cor. à 4-5 lobes presque égaux. . LYCOPUS (p. 67.)

72 { Cor. à 2 lèvres bien distinctes. 73
Cor. à 1 lèvre ou à lobes non disposées en lèvres. 92

<table>
<tr><td>86</td><td>Fl. en verticilles axillaires. . . Mentha (cxxxv.)
Fl. en épis serrés, imbriqués de bractées colorées.
. . . . Origanum (p. 71.)</td></tr>
<tr><td>87</td><td>Etam. dépassant le tube de la cor. 88
Etam. cachées dans le tube de la cor.; fl. en épis
terminaux. . . . . Lavandula (p. 70.)</td></tr>
<tr><td>88</td><td>Tube de la cor. cylindrique, non renflé au sommet·
. . . . Betonica (p. 69.)
Tube de la cor. plus ou moins évasé au sommet. 89</td></tr>
<tr><td>89</td><td>Etam. rapprochées 2-à-2 ou dejetées d'un seul
côté. 90
Etam. droites ou écartées en tout sens. . . . . 92</td></tr>
<tr><td>90</td><td>Lèvre sup. de la cor. très-entière; lèvre inf. échan-
crée ou à 2 lobes. . . . Lamium (p. cxxxiii.)
Lèvre sup. échancrée ou bifide. . . . . 91</td></tr>
<tr><td>91</td><td>Etam. défleuries rejetées sur les côtés de la cor. ·
. . . . Stachys (cxxxiv.)
Etam. défleuries non rejetées de côté. . . . . . ·
. . . . Glechoma (p. 69.)</td></tr>
<tr><td>92</td><td>Cor. paraissant réduite à la lèvre inf. 93
Cor. à lobes presque égaux en tout sens. . . . . 94</td></tr>
<tr><td>93</td><td>Lèvre sup. très-courte à 2 dents; tube non fendu.
. . . . Ajuga (cxxxi.)
Lèvre sup. presque nulle, tube fendu. . . . . . .
. . . . Teucrium (cxxxii.)</td></tr>
<tr><td>94</td><td>Feuil. entières ou dentées; fl. en verticilles ou en
têtes serrées. . . . . Mentha (cxxxv.)
Feuil. découpées ; fl. en épis très-grêles. . . . . .
. . . . Verbena (p. 71.)</td></tr>
<tr><td>95</td><td>Un seul ovaire. 96
Plusieurs ovaires. . . . . 98</td></tr>
<tr><td>96</td><td>Cor. régulière. 97
Cor. irrégulière. . . . . 53</td></tr>
<tr><td>97</td><td>Tige ligneuse; 8 étam.; feuil. très-fines, presque
verticillées. . . . . Erica (cxv.)
Tige herbacée; 5-8 étam.; feuil. opposées. . . 35</td></tr>
<tr><td>98</td><td>6 étam.; 6-25 ovaires. . . . . . . Alisma (clvi.)
10 étam. ou plus. . . . . 99</td></tr>
</table>

POLYPÉTALES.

154 { Silicule presque globuleuse, style filiforme. . . . . .
. . . . CAMELINA (p. 9.)
Silicule ovale ou cylindrique , stigm. presque à 2 lo-
bes. . . . . NASTURTIUM (XVI.)

155 { 5 étam. ou moins. 156
6 étam. ou plus. 165

156 { 5 styles ; feuil. opposées. 175
1-4 styles ; feuil. opposées ou alternes. 157

157 { Arbres ou arbrisseaux. 158
Herbes. 163

158 { Feuil. alternes. 159
Feuil. opposées. 162

159 { Fl. terminales. . . . . HEDERA (p. 40.)
Fl. axillaires ou opposées aux feuil. 160

160 { Des vrilles opposées aux feuil. . . . VITIS (*vigne.*)
Point de vrilles. 161

161 RHAMNÉES { 3 styles ; fruit sec et bordé d'une aile
membraneuse. . . PALIURUS (p. 18.)
1 style ; baie à 4 graines , non bordée. .
. . . . RHAMNUS (XXXIX.)

162 { 1 stigm. ; ovaire entouré d'un disque glanduleux. . .
. . . . EVONYMUS (p. 18.)
2 stigm. ; pas de disque. . . . . ACER (p. 16.)

163 { Feuil. alternes. 164
Feuil. opposées.. 175

164 { Cal. tubuleux ; 1 style ; cor. rouge. . . . .
. . . . *Lythrum hyssopifolium* (p. 33.)
Cal. en cloche ; 3 stigm. sessiles ; cor. blanche. . . .
. . . . , . . . CORRIGIOLA (p. 34.)

165 { 1 style ou point de styles. 166
Plusieurs styles ou plusieurs stigm. sessiles. . . 169

166 { Feuil. alternes. 167
Feuil. opposées. 168

167 { Fl. jaunes ; cal. à 4 rarement 5 divisions. . . . . .
. . . . RUTA (*rue des jardins.*)
Fl. rouges ; cal. tubuleux à 5-6 dents. . . . . . .
. . . . *Lythrum hyssopifolium* (p. 33.)

168 { Arbres; 1 style à 2 stigm. pointus. . Acer (p. 16.)
Herbes; point de style; stigm. à 5 lobes. . . . . . .
. . . . Tribulus (p. 18.)

169 { Point de style. . . . . Tribulus (p. 18.)
1 ou plusieurs styles. 170

170 { Feuil. alternes ou radicales. 171
Feuil. opposées. 175

171 { 2 styles. . . . . Saxifraga (lxvii.)
4-5 styles. 172

172 { Feuil. à 3 folioles. . . . . Oxalis (p. 17.)
Feuil. simples, entières, découpées ou pinnatifides
. . . . 173

173 { Feuil. entières sans stipules. . . . Linum (xxxiii.)
Feuil. découpées, munies de stipules. · . . . 174

174 Géraniacées { 5 étam. fertiles. . Erodium (xxxviii.)
10 étam. fertiles. Geranium (xxxvii.)

175 { Etam. libres, toutes fertiles; 1 caps. 176
Etam. soudées à la base, la moitié stérile; 8-10 caps.
conniventes, figurant un fruit unique. . . . 190

176 Cariophyllées { Cal. divisé jusqu'à la base en 5 parties.
. 177
Cal. dont les divisions n'atteignent pas
ou dépassent peu le milieu. . 185

177 { 10 étam. 178
Moins de 10 étam. 181

178 { 2 styles. . . . . Gypsophila (p. 11.)
3 styles. 179
5 styles. 180

179 { Pétales entiers. . . . . Arenaria (xxxi.)
Pétales profondément bifides. . . Stellaria (xxx.)

180 { Pétales entiers. . . . . Spergula (xxix.)
Pétales profondément bifides. . Cerastium (xxxii.)

181 { 2 styles; 4 étam. . . . . Sagina (xxviii.)
3 styles. 182
4 styles. 183
5 styles. 184

182 { Pétales dentés; feuil. opposées. Holosteum (p. 13.)
Pétales échancrés; feuil. quaternées. . . . .
. . . . Polycarpon (p. 34.)

183 { Cal. à 4 parties entières; 1 caps. à 4 valves. . . . . .
. . . . SAGINA (XXVIII.)
Cal. à 4 parties trifides; 8 caps. conniventes. . . .
. . . . RADIOLA (p. 15.)

184 { Etam. distinctes à la base; 1 caps. 180
Etam. soudées à la base; 10 capsules conniventes. .
. . . . LINUM (XXXIII)

185 { 10 étam. ; plus d'un style. 186
Moins de 10 étam. 1 seul style. . . . .
. . . . . . *Lythrum hyssopifolium.* (p. 33.)

186 { 2 styles. 187
3 styles. 189
5 styles. . . . . LYCHNIS (XXVII.)

187 { Cal. tubuleux, à 5 dents; pétales à onglet. . 188
Cal. en cloche à 5 lobes; pétales sans onglet. . . .
. . . . GYPSOPHILA (p. II.)

188 { Cal. entouré à la base de 2-4 écailles. . . . .
. . . . DIANTHUS (XXIV.)
Cal. nu à la base. . . . . SAPONARIA (XXV.)

189 { Cal. tubuleux; fruit non charnu, à 3 loges. . . . .
. . . . SILENE (XXVI.)
Cal. en cloche; fruit charnu à 1 loge. . . . .
. . . . CUCUBALUS (p. 12.)

190 LINÉES { Cal. à 5 parties entières; 5 étam. fertiles;
5 styles. . . . . LINUM (XXXIII.)
Cal. à 4 parties trifides; 4 étam. fertiles;
4 styles. . . . . RADIOLA (p. 15.)

191 { Herbe à feuil. opposées. . . . . . PEPLIS (p. 33.)
Arbrisseau à feuil. alternes ou en faisceau. . . . . .
. . . . BERBERIS (p. 3.)

192 { Cal. à 2 sépales ou à 2 lobes profonds. 193
Cal. à plus de 2 sépales ou de 2 lobes. 196

193 { 5 pétales ; cal. persistant. . . PORTULACA (p. 33.)
4 pétales; cal. caduc. 194

194 { 5-10 stigm. ; caps. plus ou moins ovale. . . . .
. . . . PAPAVER (VII.)
1-3 stigm. ; caps. grêle, en forme de silique. 195

210 { 8 étam., ou moins. 211
       10 étam. 212

211 { Cor. éperonnée ; 6 étam. au plus. . Fumaria (viii.)
       Cor. non épcronnée ; 8 étam. . . . Poligala (xxiii.)

212 Légumineuses { Pétiole des feuil. terminé en vrille simple ou rameuse. 213
                   Point de Vrille. 218

213 { Style plane, élargi vers le sommet ; jamais plus de 5 folioles. 214
       Style linéaire ; souvent plus de 6 folioles. . . 215

214 { Style velu en dessous ; stipules prolongées en pointe à la base. . . . . Lathyrus (liv.)
       Style velu en dessus ; stipules à base large et arrondie. . . . . Pisum (liii.)

215 { Vrille courte, simple ; rarement plus de 6 folioles. 216
       Vrille alongée, rameuse ; ord. plus de 6 folioles. 217

216 { Ombilic des graines latéral ; ailes de la cor. marquées d'une tache noire, soyeuse. . . . . Faba (p. 25.)
       Ombilic des graines terminal ; ailes de la cor. sans tache soyeuse. . . . . Orobus (lv.)

217 { Stigm. velu ; dents du cal. plus courtes que la cor. . . . . Vicia (li.)
       Stigm. glabre ; cal. à 5 lanières presque égales à la cor. . . . . Ervum (lii.)

218 { Feuil. simples, ternées ou digitées ou ne naissant qu'après les fl. . . . . · · 249
       Feuil. ailées. 236

219 { Filets des étam. tous distincts. . . Cercis (p. 27.)
       Filets tous ou plusieurs soudés. 220

220 { Filets soudés en 1 corps. 221
       Filets soudés en 2 corps de 9 et 1. 227

221 { Feuil. simples ou ternées. 222
       Feuil digitées. . . . . Lupinus (lvi.)

222 { Cal. à 2-5 lobes. 223
       Cal. très grand, à 2 parties. . . . . Ulex (p. 19.)

223 { Feuil. ou folioles entières ; cal. à 5 dents , à 2 lèvres ou en spathe. 224
Feuil. ou folioles dentées ; cal. à 5 lanières linéaires. . . . . ONONIS (XLII.)

224 { Cal. membraneux, en spathe fendue en-dessus. . . . . SPARTIUM (p. 19.)
Cal. non membraneux, à 2 lèvres ou à 5 dents. 225

225 { Carène tombante , ne couvrant qu'en partie les organes sexuels. . . . . GENISTA (XL.)
Carène renfermant les organes sexuels. . . . 226

226 { Gousse à plus de 2 graines ; feuil. ternées à folioles égales. . . . . CYTISUS (XLI.)
Gousse à 1-2 graines ; feuil. simples ou à 3-5 folioles , celle du sommet très-grande. ANTHYLLIS (p. 20.)

227 { Herbe grimpante ; carène contournée en spirale. . . . . PHASEOLUS (p. 27.)
Herbe non grimpante ; carène non en spirale. 228

228 { Feuil. et cal. parsemés de points calleux. . . . . PSORALEA (p. 24.)
Feuil. et cal. dépourvus de points calleux. . . 229

229 { Stipules distinctes du pétiole et semblables à des folioles. 230
Stipules adhérentes au pétiole ou très-petites. 232

230 { Cal. tubuleux, à 5 lobes égaux ; carène terminée par un bec. . . . . ' . . . 231
Cal. presque en cloche, à 2 lèvres ; carène dépourvue de bec. . . . . DORYCHNIUM (XLVII.)

231 { Style droit ; gousses non bordées , en ombelle. . . . . LOTUS (XLVIII.)
Style flexueux ; gousse solitaire , bordée de 4 feuillets membraneux. . TETRAGONOLOBUS (p. 23.)

232 { Stypules distinctes du pétiole ; carène très-petite. 233
Carène presque égale aux ailes. 234

233 { Folioles dentelées ; gousse non articulée. . . . . TRIGONELLA (XLIV.)
Folioles entières ; gousse articulée. . . . . ASTROLOBIUM (XLIX.)

234 { Gousses cachées dans le cal. ; fl. en têtes serrées. . . . . TRIFOLIUM. (XLVI.)
Gousses saillant hors du cal. fl. en épis ou en grappes. 235

235 { Gousses très-arquées , réniformes ou roulées en escargot. . . . . MEDICAGO (XLIII.)
Gousses ovales , ridées. . . . . MELILOTUS (XLV.)

236 { Filets des étam. soudés en 1 corps. . . . . ANTHYLLIS (p. 20.)
Filets des étam. soudés en 2 corps de 9 et 1. . 237

237 { Fl. d'un jaune vif 238
Fl. blanchâtres ou rougeâtres. 239

238 { Gousse composée d'articles placés bout à bout ; cal. muni de bractées. . . . . . . ORNITHOPUS (L.)
Gousse composée d'articles courbés en fer à cheval ; fl. en ombelle. . . . . . HIPPOCREPIS (p. 24.)
Gousse droite composée d'articles non courbés ; fl. en ombelle ; arbrisseau. . . . CORONILLA (p. 24.)

239 { Gousse composée d'articles placés bout à bout ; fl. en ombelle. . . . . ORNITHOPUS (L.)
Gousse à 2 loges longitudinales plus ou moins complètes. . . . . ASTRAGALUS (p. 24.)
Gousse continue à 1 loge. 240

240 { Gousse courte comprimée à 1 graine ; ailes de la cor. très-courtes. . . . . ONOBRYCHIS (p. 25.)
Gousse renflée à 2 graines ; ailes au moins égales à la carène. . . . . CICER (p. 25.)

241 { Feuil. (au moins les plus jeunes) munies de stipules. 254
Feuil. dépourvues de stipules. 242

242 { Une glande à la base de chaque ovaire ; feuil. charnues. 243
Point de glande à la base des ovaires ; feuil. non charnues. 245

243 CRASSULACÉES { Pétales et ovaires 4-5. 244
Pétales et ovaires 6 ou plus. . . . . SEMPERVIVUM (p. 35.)
Pétales ovaires et étam. 3. . . . . TILLOEA (p. 34.)

269 { Fruit hérissé de petits aiguillons sur toute sa
surface.. 270
Fruit hérissé d'aiguillons seulement sur les côtes. 272

270 { Fruit comprimé, orbiculaire, à rebord sillonné, calleux, un peu hérissé. . . . Tordylium (p. 38.)
Fruit ovale-oblong, non comprimé, non bordé, très-
hérissé. 271

271 { Involucre à 1-5 folioles ; cal. entier ; pétales ext.
plus grands. . . . . Torilis (lxxiv.)
Involucre nul ; cal. denté, pétales égaux. . . . .
. . . . Anthriscus vulgaris (p. 38.)

272 { Involucre à folioles ailées-pinnatifides. . . . .
. . . . Daucus (p. 37.)
Involucre à folioles entières , quelquefois nulles.
. . . . Caucalis (lxxiii)

273 { Fruit plus ou moins comprimé. 274
Fruit arrondi, ovale ou oblong, non comprimé. 277

274 { Fruit très-comprimé, presque orbiculaire ; pétales
très-inégaux, les ext. plus grands et bifides. . 275
Fruit plus ou moins comprimé ; pétales égaux ou
presque égaux. 276

275 { Fruit dépourvu de côtes, entouré d'un rebord épais
et calleux. . . . . Tordylium (p. 38.)
Fruit muni de côtes filiformes, bordé d'une aile
membraneuse. . . . . . . Heracleum (p. 38.)

276 { Cal. à 5 dents ; fruit peu comprimé, non ailé, entouré
d'un rebord très-étroit. . Pencedanum (p. 39.)
Cal. entier ; fruit comprimé, marqué sur chaque
graine de 3 côtes dorsales filiformes et de 2 latérales ailées. . . . . Angelica (p. 39.)

277 { Fruit alongé, 3-4 fois au moins aussi long que
large.. 278
Fruit globuleux, ovale ou ovale oblong. . . . 279

278 { Fruit dépourvu de côtes, si ce n'est sur le bec.
. . . . Anthriscus (lxxv.)
Fruit marqué sur chaque graine de 5 côtes obtuses.
. . . . Choerophyllum (p. 38.)

279 { Involucre nul, ou rarem. à 1-2 folioles. . . . 280
Involucre à 1 ou plusieurs folioles. 283

293 Rosacées { 1 ovaire ou 2-5 ovaires soudés en un seul à 2-5 loges. 294
2 ou plusieurs ovaires distincts. . . 302

294 { Environ 20 étam. 295
4 étam. . . . . ALCHEMILLA (p. 30.)

295 { Cal. non adhérent, caduc ; fruit 1 à noyau ; stigm. simple. 296
Cal. adhérent, persistant, à tube, en godet, croissant en fruit à 2-5 loges cartilagineuses ou osseuses ; 2-5 styles. 299
Cal. non adhérent, persistant, à tube resserré au sommet, recouvrant plusieurs graines osseuses et velues ; plusieurs stigm. . . . . . ROSA (LXI.)

296 { Fl. presque sessiles ou à pédicelles plus courts que le tube du cal. 297
Fl. sensiblement pédonculées. 298

297 { Fruit peu charnu ; noyau oblong, lisse et poreux. . . . . AMYGDALUS (p. 28.)
Fruit très-charnu ; noyau ovale, sillonné, crevassé. . . . . PERSICA (p. 28.)
Fruit très-charnu ; noyau comprimé, lisse, un peu sillonné vers les bords. . . ARMENIACA (p. 28.)

298 { Pédoncules plus longs que le diamètre de la fl. . . . . CERASUS (p. 28.)
Pédoncules plus courts que le diamètre de la fl. . . . . PRUNUS (LVII.)

299 { Graines ou loges du fruit cartilagineuses. . . 300
Graines ou loges du fruit osseuses. 301

300 { Cal. à 5 dents ; loges du fruit à 2 graines. PYRUS (LXII.)
Cal. à 5 lanières foliacées ; loges du fruit à graines nombreuses entourées de pulpe. CYDONIA (p. 34.)

301 { Cal à 5 dents ; fruit fermé. . . CRATOEGUS (p. 30.)
Cal. à 3 lanières foliacées ; fruit ouvert, en toupie. . . . . MESPILUS (p. 30.)

302 { Fl. hermaphrodites. 303
Fl. dioïques. . . . . POTERIUM (p. 30.)

303 { 2 ovaires. . . . . AGRIMONIA (p. 29.)
5 ovaires ou plus. 304

INCOMPLÈTES.

330 { 2 stigm. . . . . POLYGONUM (CXLVII.)
    { 1 ou 3 stigm. 331

331 { Fruit charnu ou baie. . . . . ASPARAGUS (p. 88.)
    { Fruit sec ou capsule. 332

332 { 1 ovaire. 333
    { Plusieurs ovaires distincts, non soudés. . . . 341

333 { Caps. divisée en 3 loges par les bords des valves
    {   repliées à l'intér. en forme de cloisons. . . . .
    {   . . . . COLCHICUM) p. 90.)
    { Caps. divisée en 3 loges par des cloisons naissant du
    {   milieu des valves. 334

334 { Ovaire libre ou dans le périgone. 335
 — { Ovaire adhérent ou sous le périgone. 340

335 LILIACÉES { Fl. en ombelle et sortant d'une spathe. .
          {   . . . . ALLIUM (CLXVII.)
          { Fl. non en ombelle et ne sortant pas
          {   d'une spathe 336

336 { 3 stigm. 337
    { 1 stigm. 338

337 { Tige feuillée ; périgone à 6 divisions munies à la base
    {   d'une fossette nectarifère. FRITILLARIA (p. 88.)
    { Hampe nue ; feuil. radicales. TULIPA. . . (p. 88.)

338 { Filets des 6 étam. élargis à la base voûtée et couvrant
    {   l'ovaire. . . . . ASPHODELUS (p. 89.)
    { Filets des 3 étam. ext. élargis à la base droite, et ne
    {   couvrant pas l'ovaire. . ORNITHOGALUM (CLXVI.)
    { Filets des étam. non élargis sensiblement à la
    {   base. 339

339 { Fl. bleues ou violettes très-petites, globuleuses ou
    {   en grelot. . . . . MUSCARI (CLXV.)
    { Fl. entièrement blanches, grandes, très-ouvertes. .
    {   . . . . PHALANGIUM (p. 89.)
    { Fl. blanches lavées de bleu vers le sommet, peu
    {   ouvertes ; anthères bleues. . . . .
    {   . . . . Hyacinthus romanus (p. 89.)
    { Fl bleues ouvertes, non globuleuses ni en grelot ;
    {   une bractée sous chaque fl. ; graines rondes. .
    {   . . . . SCILLA (CLXIV.)

363 { 3ᵉ valve très-petite, mais distincte ; fl. en panicule resserrée en forme d'épi ou rar. lâche. . . . . PANICUM (CLXXVI.)
3ᵉ valve à peine distincte ; fl. en épis digités. . . . . DIGITARIA (p. 95.)

364 { Périgone garni de longs poils. ARUNDO (CLXXXIV.)
Périgone glabre ou peu velu. 365

365 { Une arête sur la glume ou sur le périgone. . 366
Point d'arête ni sur la glume, ni sur le périgone. 368

366 { Périgone muni d'une arête, insérée à sa base. 367
Périgone sans arête ou muni d'une arête dorsale. 368

367 { Panicule en forme d'épi. . ALOPECURUS (CLXXIX.)
Panicule lâche, nullement en forme d'épi. . . . . AGROSTIS (CLXXV.)

368 { Fl. presque sessiles, en épis grêles et digités. 369
Fl. pédicellées, en panicule plus ou moins resser-rée. 370

369 { Glume à 2 valves étalées ; épillets solitaires. . . . . CYNODON (p. 95.)
Glume à 2-3 valves concaves, serrées contre le périgone ; épillets géminés. DIGITARIA (p. 95.)

370 { Valves de la glume tronquées, mucronées et diver-gentes au sommet. . . . . . PHLEUM (CLXXVIII.)
Valves de la glume non tronquées. 371

371 { Glume contenant un double périgone, l'int. plus grand appliqué sur la graine. PHALARIS (CLXXVII.)
Glume ne contenant qu'un périgone simple. . 372

372 { Glume ventrue ; périgone persistant ; panicule res-serrée en épi. . . . . . . MILIUM (p. 96.)
Glume non ventrue ; périgone caduc ; panicule non resserrée en épi. . . . . AGROSTIS (CLXXV.)

373 { Axe de chaque épillet glabre, ou un peu pubes-cent ou laineux. 374
Axe de l'épillet garni de longs poils recouvrant les balles. . . . . ARUNDO (CLXXXIV.)

374 { Périgone muni d'arêtes. 375
Epillets entièrement dépourvus d'arêtes. . . 381

413 { 2 stigm. ; arbre non épineux. . . Ulmus (p. 80.)
3 styles ; arbrisseau garni d'aiguillons. . . . .
. . . . Paliurus (p. 18.)

UNISEXUELLES.

414 { Fl. monoïques. 415
Fl. dioïques. 459

415 { Arbres ou arbrisseaux. 416
Herbes. 437

416 { Feuil. ailées. 417
Feuil. entières, dentées ou lobées. 418

417 { Feuil. alternes. . . . . Juglans (p. 80.)
Feuil. opposées. . . . . Fraxinus. (cxvi.)

418 { Feuil. alternes, verticillées ou en faisceaux. 419
Feuil. ou boutons opposés. 435

419 { Feuil. entières, dentelées ou pinnatifides. . . . 420
Feuil. lobées, à nervures palmées. 434

420 { Filets des étam. nuls ou soudés ; feuil. ord. linéaires et persistantes , jamais dentées. . . . · 421
Filets des étam. distincts ; feuil. ord. caduques , souvent dentées , très-rar. linéaires. 424

421 Conifères. { 2 étam. ; fl. toujours monoïques. . 422
4-8 étam. ; fl. dioïques ou monoïques. 423

422 { Feuil. naissant 2-5 dans une gaîne. Pinus (p. 82.)
Feuil. solitaires. . . . . Abies (p. 82.)
Feuil. naissant en faisceaux sans gaînes. Larix(p.82.)

423 { Feuil. alternes, aiguës ; fl. dioïques ou monoïques ;
étam. 8. . . . . Taxus (p. 82.)
Feuil. imbriquées sur 4 rangs, obtuses ; fl. monoïques ; 4 anthères sessiles. . Cupressus (p. 82.)
Feuil. opposées ou verticillées ; fl. dioïques, rar.
monoïques. . . . . Juniperus (clv.)

424 Amentacées { Fl. hermaphrodites. 425
Fl. monoïques. 426
Fl. dioïques. 433

425 { Ovaire globuleux ; fruit charnu et arrondi. . . .
. . . . Celtis (p. 80.)
Ovaire comprimé ; fruit membraneux et aplati.
. . . . Ulmus (p. 80.)

<table>
<tr><td>426</td><td>{</td><td>5 étam. ou plus. 427
4 étam. . . . . Alnus (p. 80.)</td></tr>
<tr><td>427</td><td>{</td><td>Chatons mâles globuleux. 428
Chatons mâles alongés , cylindriques. . . . 429</td></tr>
<tr><td>428</td><td>{</td><td>8-12 étam. ; 3 stigm. . . . . . . Fagus (p. 81.)
Plus de 12 étam. ; 1 stigm.. . Platanus (p. 82.)</td></tr>
<tr><td>429</td><td>{</td><td>Etam. un peu barbues au sommet. Carpinus (p. 82.)
Etam. non barbues au sommet. . . . . 430</td></tr>
<tr><td>430</td><td>{</td><td>6 styles, enveloppe du fruit hérissé. . . . .
. . . . Castanea (p. 81.)
2 ou 3 styles ou stigm. ; enveloppe du fruit non
hérissé. . . . . 431</td></tr>
<tr><td>431</td><td>{</td><td>12 étam. ; fruit aplati , bordé d'une large mem-
brane. . . . . Betula (p. 80.)
5-10 étam. ; fruit non aplati, non bordé. . . . 432</td></tr>
<tr><td>432</td><td>{</td><td>Fruit (gland) enchâssé dans une cupule ou involucre
hémisphérique ; 5-10 étam. . Quercus (cliv.)
Fruit (noisette) entouré d'un involucre, foliacé ,
déchiré ; 8 étam. insérées sur une écaille. . . .
. . . . Corylus (p. 81.)</td></tr>
<tr><td>433</td><td>{</td><td>1-7 étam. , le plus souvent 2. . . . Salix (clii.)
8-30 étam. . . . . Populus (cliii.)</td></tr>
<tr><td>434</td><td>{</td><td>Suc propre laiteux ; fl. renfermées dans une enve-
loppe charnue. . . . . Ficus (p. 80.)
Suc propre non laiteux ; fl. en épi ou en chaton court.
. . . . Morus (p. 79.)</td></tr>
<tr><td>435</td><td>{</td><td>Arbre ou arbrisseau élevé non parasite. . . . 436
Sous-arbrisseau parasite sur d'autres arbres . . . .
. . . . Viscum (p. 41.)</td></tr>
<tr><td>436</td><td>{</td><td>1 stigm. béant ; feuil. entières, linéaires. . . . . .
. . . . Juniperus (clv.)
1-2 styles; feuil. à 3-5 lobes. . . . Acer (p. 16.)
3 styles ; feuil. entières , ovales. . Buxus (p. 78.)</td></tr>
<tr><td>437</td><td>{</td><td>Fl. tout-à-fait nues ou munies seulement d'un invo-
lucre commun à plusieurs fl. 311
Fl. munies au moins d'une enveloppe propre. . 438</td></tr>
<tr><td>438</td><td>{</td><td>1-6 étam. 439
7 étam. ou plus. . . . . 456</td></tr>
</table>

465 { Fl. naissant sur la surface même des feuilles ovales piquantes. . . . . RUSCUS (p. 88.)
Fl. ne naissant pas à la surface des feuil. qui sont linéaires et en faisceau. . . ASPARAGUS (p. 88.)

466 { 3 étam. ; 3 stigm. (fleurs odorantes ; baies rouges.) . . . . OSYRIS (p. 77.)
8 étam. ; 1 stigm. . . . . STELLERA (p. 77.)

467 { Plante aquatique, submergée ; fl. femelle portée par une longue hampe contournée en spirale. . . . . VALLISNERIA (p. 83.)
Plante terrestre ou parasite. 468

468 { Feuil. alternes. 469
Feuil. opposées. 478

469 { Feuil. ailées ou digitées. 470
Feuil. simples, entières ou incisées. 471

470 { Feuil. digitées ; périgone à 5 lobes. . . . . CANNABIS (p. 79.)
Feuil. ailées avec impaire ; périgone à 4 lobes ; fl. en épi ovale, serré. . . POTERIUM (p. 30.)

471 { Feuil. engainantes à la base. 472
Feuil. non engaînantes. 473

472 { Fl. glumacées ; 2-3 étam. . . . CAREX (CLXXIII.)
Fl. non glumacées ; 6 étam. . . RUMEX (CXLVI.)

473 { Périgone à 6 lobes. 474
Périgone à 5 lobes ou moins. 475

474 { Feuil. linéaires en faisceau ; plante non grimpante. . . . . ASPARAGUS (p. 88.)
Feuil. solitaires en forme de cœur, plante grimpante. . . . . TAMUS (p. 88.)

475 { Périgone à 5 lobes. 476
Périgone à 2-4 lobes. 477

476 { 1 vrille à l'aisselle des feuil. ; 3 étam. . . . . BRYONIA (p. 34.)
Point de vrille ; 5 étam. . . . . SPINACIA (p. 75.)

477 { 5 étam. ; 4 styles. . . . . . . SPINACIA (p. 75.)
4 étam. ; 1 stigm. . . . . URTICA (CLI.)

478 { Tige grimpante. (fl. femelles ramassées en cônes écailleux. . . . . HUMULUS (p. 79.)
Tige non grimpante. 479

COMPOSÉES OU SYNANTHÉRÉES.

<table>
<tr><td>501</td><td>Fl. monoïques ; fruits hérissés en dehors de pointes crochues ; fl. peu distinctes. Xanthium (xcvi.)
Fl. non monoïques ; fruits non hérissés en dehors de pointes crochues ; fl. très-distinctes. . . . . 502</td></tr>
<tr><td>502</td><td>Fl. flosculeuses. 503
Fl. radiées. . . . . 504</td></tr>
<tr><td>503</td><td>Aigrette des graines à 5-12 paillettes dans le disque, nulles à la circonférence ; involucre scarieux. . . . . Xeranthemum (p. 51.)
Toutes les graines couronnées de 2-5 arêtes ; involucre non scarieux, entouré de longues bractées. . . . . Bidens (xcviii.)</td></tr>
<tr><td>504</td><td>Graines couronnées d'arêtes. 505
Graines nues ou couronnées de courtes membranes. . . . . 506</td></tr>
<tr><td>505</td><td>Graines couronnées de 2-5 arêtes persistantes ; plante aquatique. . . . . Bidens (xcviii.)
Graines couronnées de 2-4 arêtes molles et caduques ; plante terrestre. . . . . . Helianthus (xcvii.)</td></tr>
<tr><td>506</td><td>Graines nues. 507
Graines couronnées d'une membrane. . . . . 508</td></tr>
<tr><td>507</td><td>Demi-fleurons 5-10, très-courts ; involucre ovale ; réceptacle plane. . . . . . . Achilloea (xciv.)
Demi-fleurons nombreux, alongés ; involucre hémisphérique ; réceptacle convexe. Anthemis (xciii.)</td></tr>
<tr><td>508</td><td>Graines couronnées d'une petite membrane entière ou tronquée ; involucre à écailles courtes, scarieuses sur les bords. . . . . Anthemis (cxiii.)
Graines couronnées d'une membrane dentée ; involucre foliacé, alongé, épineux. Buphtalmum (p. 47.)</td></tr>
<tr><td>509</td><td>Fl. flosculeuses. 510
Fl. radiées. . . . . 511</td></tr>
<tr><td>510</td><td>Graines tout-à-fait nues ; fleurons ext. entiers ; fl. verdâtres. . . . . Artemisia (xcv.)
Graines couronnées d'une petite membrane ; fleurons ext. à 3 lobes ; fl. jaunes. . Tanacetum (p. 48.)</td></tr>
<tr><td>511</td><td>Demi-fleurons jaunes. 512
Demi-fleurons blancs ou un peu rougeâtres. . . 513</td></tr>
</table>

512 { Graines irrégulières, courbées, involucre foliacé. . . . . CALENDULA (XCIX.)
Graines régulières, non courbées ; involucre écailleux. . . . . *Chrysanthemum Segetum* (p. 47.)

513 { Involucre à 1 rang de folioles ; hampe nue. BELLIS (p. 46.)
Involucre plus ou moins imbriqué d'écailles ; tige feuillée. 514

514 { Involucre un peu imbriqué d'écailles étroites, non scarieuses sur les bords. . MATRICARIA (p. 47.)
Involucre très-imbriqué d'écailles scarieuses sur les bords. . . . . CHRYSANTHEMUM (XCII.)

515 CYNAROCEPHALES { Aigrette à poils simples ou un peu dentés. 516
Aigrette à poils plumeux. . . 521

516 { Paillettes du réceptacle tronquées, formant des alvéoles. . . . . ONOPORDON (p. 49.)
Paillettes du réceptacle longues, très-apparentes. 517

517 { Fleurons tous égaux et hermaphrodites. . . . 518
Fleurons ext. plus grands, femelles ou stériles. CENTAUREA (CII.)

518 { Folioles de l'involucre épineuses. 519
Folioles de l'involucre non épineuses. 520

519 { Folioles ext. de l'involucre pinnatifides ; aigrette à poils membraneux ; fl. jaunes. . . . . *Centaurea lanata* (p. 51.)
Folioles de l'involucre non pinnatifides ; poils de l'aigrette non membraneux ; fl. rouges ou blanches. . . . . CARDUUS (C.)

520 { Écailles de l'involucre crochues au sommet. LAPPA (p. 49.)
Écailles de l'involucre droites, non crochues. . . . . SERRATULA (p. 50.)

521 { Folioles int. de l'involucre grandes, scarieuses, colorées, en forme de couronne. . CARLINA (CIII.)
Folioles int. de l'involucre ni grandes, ni colorées, ni en couronne. 522

534 { Graine amincie au sommet en un col étroit qui fait paraître l'aigrette pédicellée. 535
Graine non amincie en col étroit; aigrette sessile. 538

535 { Involucre à 1 rang de folioles, entouré de courtes écailles à la base; graine à 5 dents au sommet. CHONDRILLA (p. 52.)
Involucre à folioles sur 2 ou sur plusieurs rangs. 536

536 { Involucre imbriqué à folioles membraneuses sur les bords. . . . . LACTUCA (CV.)
Involucre à 2 rangs de folioles, les ext. plus courtes. 537

537 { Involucre sillonné, ventru et entourant les graines à la mâturité; tige feuillée, multiflore. . . . . BARKHAUSIA (CVII.)
Involucre réfléchi en dehors à la mâturité; hampe nue, uniflore. . . . . . . TARAXACUM (p. 53.)

538 { Aigrettes de la circonférence différentes de celles du centre. 539
Aigrettes toutes semblables. 543

539 { Aigrettes du bord sessiles, et celles du milieu pédicellées. . . . . . Hypochœris glabra (p. 54.)
Aigrettes toutes sessiles. 540

540 { Folioles ext. de l'involucre étroites en alène et très-étalées ; fl. pourpre-noir au centre. . . . . DREPANIA (p. 54.)
Folioles de l'involucre toutes serrées. 541

541 { Graines int. couronnées d'une aigrette de poils, ext. couronnées d'écailles demi-avortées. . . . . HYOSERIS (p. 56.)
Graines int. couronnées d'une aigrette de poils, ext. nues. 542

542 { Graines ext. portant sur la face int. 3-5 ailes; involucre dressé à la mâturité. PTEROTHECA (p. 53.)
Graines ext. non ailées en dedans; involucre étalé en étoile à la mâturité. . . . PRENANTHES (p. 52.)

543 { Réceptacle soyeux ou poilu. 544
Réceptacle glabre, souvent alvéolé. 545

CRYPTOGAMES.

555 { Caps. réunies en lignes ou en points réguliers. . 556
Caps. éparses sur toute la surface de la feuil. . . . .
. . . . Ceterach (p. 105.)

556 { Caps. réunies en lignes alongées. 557
Caps. réunies en points ovales ou arrondis. . . . .
. . . . Polystichum (cxciv.)

557 { Lignes des caps. très-longues ; feuil. entières. . . .
. . . . Scolopendrium (p. 106.)
Lignes des caps. assez courtes ; feuil. ailées-pinnatifides.
. . . . Asplenium (cxcv.)

558 { Caps. réunies en points arrondis , très-distincts. . .
. . . . Polypodium (p. 106.)
Caps. couvrant toute la surface de la feuil. et cachées
par des écailles roussâtres. . Ceterach (p. 105.)

FIN DE L'ANALYSE DES GENRES.

MÉTHODE ANALYTIQUE

DE DE CANDOLLE,

POUR LA DÉTERMINATION DES ESPÈCES,

RÉDUITE ET APPLIQUÉE A LA FLORE DE TOULOUSE.

Nota. On a supprimé dans la série des genres qui suivent, tous ceux qui ne contiennent qu'une seule espèce dans cette contrée, et pour lesquels il n'y a par conséquent aucune analyse à faire.

À la suite du nom déterminé de chaque espèce, on renvoie, par un chifre, à la page du Catalogue, où se trouvent indiquées la station et l'époque de fleuraison de cette espèce.

I. Clemetatis.

1 {
Feuil. ailées à folioles ovales-lancéolées, tronquées ou en cœur à la base. . . . C. Vitalba (p. 1.)
Feuil. ailées à folioles petites, ovales ou oblongues, non tronquées à la base. C. Flammula (p. 1.)

II. Anemone.

1 {
Folioles de l'involucre pétiolées; fl. 1 blanche ou un peu rosée- . . . . A. Nemorosa (p. 1.)
Folioles de l'involucre presque sessiles ; fl. 1-2 jaunes. . . . . A. Ranunculoides (p. 1.)

III. Ranunculus.

2 {
Fl. blanches; feuil. divisées en lobes capillaires. . . . . R. Aquatilis (p. 1.)
Fl. jaunes. 2

2 {
Feuil. entières ou un peu dentées.. . . . . R. Flammula (p. 2.)
Feuil. plus ou moins découpées. 3

3 {
Tige à 1-2 fl. ; feuil. radicales multifides, à lanières profondes et menues. R. Choerophyllos (p. 2.)
Tige pluriflore; feuil. radicales plus ou moins lobées, mais non divisées en lanières. 4

4 { Cal. réfléchi sur le pédoncule. 5
   { Cal. non réfléchi sur le pédoncule. 7

5 { Cal. réfléchi seulement après la floraison ; pétales ne
     dépassant pas le cal. . R. Parviflorus. (p. 2.)
   { Cal. réfléchi pendant la floraison ; pétales plus grands
     que le cal. 6

6 { Caps. bordées d'une rangée de tubercules très-petits ;
     feuil. radicales à 3 lobes obtus. . . . .
     . . . . , ... R. Philonotis (p. 2.)
   { Caps. lisses ; feuil. radicales à 3 folioles trifides. . .
     . . . . R. Bulbosus (p. 2.)

7 { Caps. hérissées d'aiguillons. . R. Arvensis (p. 2.)
   { Caps. lisses. . , ... 8

8 { Collet de la racine produisant des rejets rampans ;
     feuil. radicales ternées. . . R. Repens (p. 2.)
   { Point de rejets rampans ; feuil. radicales palmées
     ou lobées , mais non ternées. 9

9 { Feuil. glabres et très-lisses. 10
   { Feuil. plus ou moins velues , jamais lisses. . . . 11

10 { Fl. très-petites ; ovaires saillans hors de la cor. .
     . . . . R. Sceleratus. (p. 2.)
   { Fl. moyennes ; ovaires non saillans hors de la cor.
     . . . . R. Auricomus (p. 2.)

11 { Feuil. radicales , pubescentes ou presque glabres , à
     5 lobes étroits, palmés ; pédoncules cylindriques.
     . . . . R. Acris (p. 2.)
   { Feuil. radicales velues à 3-5 lobes ; tige et pétioles
     hérissés de poils étalés ; pédoncules sillonnées. .
     . . . . R. Nemorosus (p. 2.)

IV. Helleborus.

1 { Fl. ouvertes ; étam. 2 fois plus courtes que les folio-
     les du cal. . . . . H. Viridis (p. 3.)
   { Fl. à demi fermées ; étam. presque aussi longues que
     les folioles du cal. . . . . H. Foetidus (p. 3.)

V. Nigella.

1 { Une collerette feuillée et multifide sous la cor. . .
     . . . . N. Damascena (p. 3)
   { Cor. nue et sans collerette remarquable. . . . . . .
     . . . . N. Hispanica (p. 3.)

VI. Delphinium.

1 { Caps. solitaires ; éperon d'une seule pièce à l'int. . . .
. . . . D. Consolida (p. 3.)
3 caps ; éperon de 2 pièces à l'int. . . . .
. . . . D. Peregrinum (p. 3.)

VII. Papaver.

1 { Caps. ou ovaires hérissés. 2
Caps. ou ovaires glabres. 3

2 { Caps. ovale, globuleuse. . . P. Hybridum (p. 3.)
Caps. oblongue, en forme de massue. . . . .
. . . . P. Argemone (p. 4.)

3 { Feuil. velues et pinnatifides ; tige velue. 4
Feuil. presque glabres, glauques, demi-embrassantes,
incisées ou dentées ; tige presque glabre. . . .
. . . . P. Somniferum (p. 4.)

4 { Stigm. à 10 rayons ; caps. ovale. P. Rhoeas (p. 4.)
Stigm. à 6-7 rayons ; caps. oblongue. . . . .
. . . . P. Dubium (p. 4.)

VIII. Fumaria.

1 { Tiges faibles, un peu grimpantes au moyen des pétioles
contournés en vrilles ; lobes des feuil. un peu
élargis. . . . . F. Media (p. 4.)
Tiges dressées, jamais grimpantes ; feuil. à lanières
courtes et très-étroites. . . F. Officinalis (p. 4.)

IX. Raphanus.

1 { Silique presque conique à 2 loges ; fl. blanches ou
rougeâtres. . . . . R. Sativus (p. 4.)
Silique cylindrique à 1 loge ; fl. jaunes ou blanchâtres à veines violettes. . . . .
. . . . R. Raphanistrum (p. 4.)

X. Brassica.

1 { Feuil. très-glabres, presque charnues, sinuées ou
lobées. . . . . B. Oleracea (p. 5.)
Feuil. plus ou moins velues, profondément pinnatifides à lobes obtus. . . B. Erucastrum (p. 5.)

XI. Sinapis.

1) Siliques glabres. 2
(Siliques garnies de poils. 3

2) Feuil. et tiges très-velues, blanchâtres ; siliques à
)   peu-près cylindriques. . . . . S. Incana (p. 5.)
)   Feuil. et tiges presque glabres ; siliques à peu-près
(tétragones. . . . . S. Nigra (p. 5.)

3) Poils de la silique courts, souvent dirigés vers sa
)   base ; corne étroite. . . . .
)   . . . . S. Arvensis et Orientalis (p. 5.)
)   Poils de la silique longs, étalés ; corne large, apla-
(tie, alongée en forme d'épée. S. Alba (p. 5.)

XII. Arabis.

1) Feuil. de la tige embrassantes ; siliques dressées,
)   serrées en grappe. . . . . . A. Hirsuta (p. 5.)
)   Feuil de la tige sessiles, non embrassantes ; siliques
(écartées de l'axe. . . . . A. Thaliana (p. 5.)

XIII. Cardamine.

1) Fl. grandes, blanches ou rosées. 2
(Fl. très-petites, toujours blanches. 3

2) Tige glauque vers son sommet ; folioles des feuil.
)   médiocrement élargies. . . C. Pratensis (p. 5.)
)   Tige jamais glauque vers son sommet ; folioles des
(feuil. très-élargies. . . . C. Latifolia (p. 5.)

3) Feuil. ailées-pinnatifides à 7-9 folioles, plus ou moins
)   velues. . . . . C. Hirsuta. (p. 6.)
)   Feuil. ailées pinnatifides à 15-17 folioles, les inf.
)   rapprochées de la tige en forme de stipules. . .
(. . . . . C. Impatiens (p. 6.)

XIV. Sisymbrium.

1) Siliques exactement appliquées contre l'axe de la tige.
)   . . . . S. Officinale (p. 6.)
(Siliques plus ou moins droites, mais non appliquées. 2

2 { Siliques garnies de petits poils rudes , souvent sinueuses et entre-croisées. . S. Acutangulum (p. 6.)
Siliques glabres , non sinueuses. 3

3 { Cal. plus long que la fl. ; feuil. blanchâtres très-
finement découpées, un peu velues. . . . . . .
. . . . S. Sophia (p. 7.)
Cal. plus court que la fl.; feuil. simplement pinnatifides , ord. glabres. . . . . . . S. Irio (p. 7.)

XV. Diplotaxis.

1 { Racine vivace ; tige glabre, feuil. inf. pinnatifides à
lobes linéaires alongés. . D. Tenuifolia (p. 7.)
Racine annuelle ; tige un peu poilue ; feuil. inf.
sinuées, dentées. . . . . . D. Muralis (p. 7.)

XVI. Nasturtium.

1 { Fl. blanches. . . . . N. Officinale (p. 7.)
Fl. jaunes. 2

2 { Pétales plus longs que le cal. 3
Pétales plus courts que le cal. N. Palustre (p. 7.)

3 { Feuil. supérieures simplement dentées ; silicules elliptiques. . . . . N. Amphibium (p. 7.)
Feuil. sup. pinnatifides ; silicules très-grêles , souvent
4 fois plus longues que larges. . . . .
. . . . N. Sylvestre (p. 7.)

XVII. Thlaspi.

1 { Silicule plane, orbiculaire, entourée d'un large rebord. . . . . T. Arvense (p. 8.)
Silicule en cœur renversé , bordée à sa partie sup.
seulement. . . . . T. Perfoliatum (p. 8.)

XVIII. Lepidium.

1 { Feuil. de la tige embrassantes. 2
Feuil. de la tige non embrassantes. 3

2 { Fl. en corymbe paniculé ; silicules en forme de cœur,
entières au sommet. . . . . . L. Draba (p. 8.)
Fl. en grappes terminales ; silicule presque orbiculaire
échancrée et ailée au sommet. L. Campestre (p. 8.)

3 { Silicule ovale, très-entière, nullement ailée. . . .
. . . . L. Iberis (p. 9.)
Silicule presque orbiculaire, échancrée au sommet,
un peu ailée sur le dos. . . L. Sativum (p. 8.)

XIX. Iberis.

1 { Feuil. pinnatifides. . . . . . I. Pinnata (p. 9.)
Feuil presque en forme de coin, dentées. . . . .
. . . . I. Amara (p. 9.)

XX. Helianthemum.

1 { Feuil. munies de 2 stipules à leur base. . . . . . .
. . . . H. Vulgare (p. 10.)
Feuil. dépourvues de stipules. 2

2 { Tige droite ; feuil. velues, ovales, lancéolées ; fl.
souvent tachées de points violets. . . . .
. . . . H. Guttatum (p. 10.)
Tige couchée, ligneuse ; feuilles linéaires, glabres ;
fl. jamais tachées. . . . . H. Fumana (p. 10.)

XXI. Viola.

1 { Stigm. droit, en forme d'entonnoir, muni de poils
en pinceaux. 2
Stigm. convexe. 3

2 { Pétales veloutés, 2 fois plus grands que le cal. . . .
. . . . V. Tricolor (p. 11.)
Pétales dépassant à peine la longueur du cal. . . . .
. . . . V. Arvensis (p. 11.)

3 { Tige nulle ; les feuil. et les pédoncules des fl. naissant
du collet de la racine. 4
Une tige produisant des feuil. et des fl. . . . .
. . . . V. Canina (p. 10.)

4 { Collet de la racine émettant des rejets rampants ;
pétioles et pédoncules ord. glabres. . . . .
. . . . V. Odorata (p. 10.)
Point de rejets rampants ; pétioles et pédoncules
hérissés de poils droits. . . V. Hirta (p. 10.)

XXII. Reseda.

1 Sépales 4 ; toutes les feuil. entières, ondulées ; fl. d'un vert jaunâtre. . . . . R. Luteola (p. 11.)
Sépales 6 ; feuil. pinnatifides, ou les unes entières et les autres à 3 lobes. 2

2 Feuil. pinnatifides ; fl. jaunâtres. R. Lutea (p. 11.)
Feuil. inf. entières, les sup. souvent à 3 lobes ; fl. blanches ; cal. plus grands que les pétales. . . . . R. Phyteuma (p. 11.)

XXIII. Polygala.

1 Feuil. inf. arrondies et presque en spatule. . . . . P. Amara (p. 11.)
Feuil. toutes lancéolées-linéaires, un peu pointues. . . . . P. Vulgaris (p. 11.)

XXIV. Dianthus.

1 Fl. agglomérées ; pétales plus ou moins crénelés. . 2
Fl. solitaires ; pétales frangés ou finement découpés. . . . . D. Superbus (p. 11.)

2 Ecailles calicinales, plus courtes que le tube du cal. . . . . D. Carthusianorum (p. 11.)
Ecailles calicinales, au moins aussi longues que le tube du cal. 3

3 Ecail. aigues ; feuil. lancéolées-linéaires, velues, ainsi que les cal. . . . . D. Armeria (p. 11.)
Ecailles ovales, obtuses ; feuil. en alène, à peu-près glabres, ainsi que le cal. . D. Prolifer (p. 11.)

XXV. Saponaria.

1 Cal. pyramidal, à 5 angles très-saillans, glabre. . . . . S. Vaccaria (p. 11.)
Cal. cylindrique, non anguleux. . . . . S. Officinalis (p. 12.)

XXVI. Silene.

1 Cal. glabre. 2
Cal. velu. 3

Pétales rouges ; calice en massue. . . . .

2 . . . . S. Rubella (p. 12.)

Pétales blancs ; cal. très-enflé. S. Inflata (p. 12.)

Fl. blanches ou verdâtres. 4

3 Fl. rougeâtres ; limbe des pétales contourné, vertical.

. . . . S. Cerastoides (p. 12.)

Fl. disposées en panicule lâche et penchée. . . . .

4 . . . . S. Nutans (p. 12.)

Fl. solitaires sur leur pédoncule et disposées en épi.

. . . . S. Nocturna (p. 12.)

XXVII. Lychnis.

1 Limbe des pétales presque entier ; dents du cal. prolongées en lanières foliacées. L. Githago (p. 12.)

Limbe des pétales découpé ou profondément bifide. 2

2 Fl. rouge ; pétales très-découpés. . . . .

. . . . L. Floscuculi (p. 12.)

Fl. blanche ; pétales échancrés en cœur. . . . . .

. . . . L. Dioica (p. 12.)

XXVIII. Sagina.

1 Tige droite ou presque droite. 2

Tige entièrement couchée. S. Procumbens (p. 12.)

Pétales manquant souvent ; plante pubescente à rameaux redressés. . . . . . S. Apetala (p. 12.)

2 Pétales plus courts que le cal. ; tige très-droite et
très-glabre. . . . . S. Erecta (p. 12.)

XXIX. Spergula.

Etam. 10, rar. 5 ; graines nues ou presque nues. .

1 . . . . S. Arvensis (p. 13.)

Etam. 5 ; graines bordées d'une aile membraneuse.

. . . . S. Pentandra (p. 13.)

XXX. Stellaria.

Feuil. ovales ; poils de la tige disposés en ligne laté-
rale, alternant d'un nœud à l'autre. . . . .

1 . . . . S. Media (p. 13.)

Feuil. lancéolées-linéaires ; tige glabre, ou à poils
non disposés en lignes. 2

2 {
Pétales de la longueur du cal. . . . . ,
. . . . S. Graminea (p. 13.)
Pétales de moitié plus longs que le cal. . . . . -
. . . . S. Holostea (p. 13.)

XXXI. Arenaria.

1 {
Feuil. entourées de stipules scarieuses; fl. rouges. .
. . . . A. Rubra (p. 13.)
Feuil. non entourées de stipules scarieuses; fl. blan-
ches. 2

2 {
Feuil. en forme d'alène. . A. Tenuifolia (p. 13.)
Feuil. planes, ovales ou lancéolées. 3

3 {
Feuil. ovales, courtes, sessiles. . . . .
. . . . A. Serpyllifolia (p. 13.)
Feuil. assez grandes, pétiolées, chargées de 3 ner-
vures. . . . . A Trinervia (p. 13.)

XXXII. Cerastium.

1 {
Pétales égaux au cal. ou plus courts que lui; plante
très-velue. 2
Pétales plus longs que le cal. feuil. en cœur presque
glabres. . . . . C. Aquaticum (p. 14.)

2 {
Pédicelles ne dépassant pas la longueur des fl. . .
. . . . C. Viscosum (p. 13.)
Pédicelles plus longs que les fl. 3

3 {
Etam de 5 à 8. 4
Etam. 10. 5

4 {
Etam. 5 ; pétales plus courts que le cal. . . . . . .
. . . . C. Semidecandrum (p. 14.)
Etam. 5-8 ; pétales de la longueur du cal. ; bractées
non membraneuses au sommet. . . . .
. . . . C. Obscurum (p. 14.)

5 {
Plante non visqueuse ; tiges étalées ; pétales de la
longueur du cal. . . . . C. Vulgatum (p. 13.)
Plante visqueuse ; tige droite ; pétales nuls ou beau-
coup plus courts que le cal. . . . .
. . . . C. Brachypetalum (p. 14.)

XXXIII. Linum.

1 { Fl. jaunes. 2
{ Fl. bleues , rougeâtres ou blanches. 3

2 { Fl. ramassées en bouquets glomérulés. . . . . .
{ . . . . L. Strictum (p. 14.)
{ Fl. disposées en panicule. . L. Gallicum (p. 14.)

3 { Feuil. opposées ; fl. blanches. . . . .
{ . . . . L. Catharticum (p. 15.)
{ Feuil. alternes ; fl. bleues ou couleur de chair. . . 4

4 { Etam. réunies à leur base ; sépales très-accuminés. 5
{ Etam. non réunies à leur base ; sépales ovales, aigus.
{ . . . . L. Usitatissimum (p. 14.)

5 { Fl. d'un beau bleu. . . . L. Narbonense (p. 14.)
{ Fl. couleur de chair. . . L. Tenuifolium (p. 14.)

XXXIV. Malva.

1 { Pédoncules solitaires à l'aisselle des feuil. profondé-
{ ment divisées en lanières. M. Moschata (p. 15.)
{ Plusieurs pédoncules à l'aisselle des feuil. simplement
{ lobées. 2

2 { Tige droite ; fl. très-grandes. . . . .
{ . . . . M. Sylvestris (p. 15.)
{ Tige ord. couchée ; fl. très-petites. . . . .
{ . . . . M. Niceoensis (p. 15.)

XXXV. Althæa.

1 { Caps. entourées d'un rebord membraneux. . . . .)
{ . . . . A Rosea (p. 15 .)
{ Caps. non bordées. 2

2 { Feuil. cotonneuses à 3 lobes peu sensibles. . . . .
{ . . . . A. Officinalis (p. 15.)
{ Feuil. pubescentes ou hérissées à 3-5 lobes pro-
{ fonds. 3

3 { Feuil. à lobes arrondis, non palmés. . . . .
{ . . . . A. Hirsuta (p. 15.)
{ Feuil. à lobes palmés, alongés. . . . .
{ . . . . A. Cannabina (p. 15.)

XXXVI. Hypericum.

1 { Sépales entiers. 2
  { Sépales bordés de cils glanduleux. 4

2 { Tige quadrangulaire. H. Quadrangulum (p. 16.)
  { Tige cylindrique ou filiforme. 3

3 { Tiges très-menues filiformes , éparses sur la terre ;
  {   feuil. peu garnies de glandes transparentes. . . .
  {   . . . . H. Humifusum (p. 16.)
  { Tige ferme, droite ; feuil. très-garnies de glandes
  {   transparentes. . . . . H. Perforatum (p. 16.)

4 { Tige et feuil. pubescentes. . H. Hirsutum (p. 16.)
  { Tige et feuil. glabres. 5

5 { Feuil. cordiformes ; sépales ovales , obtus. . . . . .
  {   . . . . H. Pulchrum (p. 16.)
  { Feuil. ovales-oblongues ; sépales lancéolés-linéaires ;
  {   un peu aigus. . . . . . H. Montanum (p. 16.)

XXXVII. Geranium.

1 { Pédoncule à une fl. . . . G. Sanguineum (p. 16.)
  { Pédoncule à plus d'une fl. 2

2 { Graines lisses. 3
  { Graines chagrinées. 6

3 { Caps. sans plis ni rides quelconques. 4
  { Caps. plissées ou ridées. 5

4 { Feuil. à 3-5 lobes oblongs, accuminés, dentés ; fl.
  {   grande. . . . . G. Nodosum (p. 17.)
  { Feuil. réniformes à 7 lobes obtus, incisés et dentés ;
  {   fl. moyenne. . . . . . G. Pyrenaicum (p. 17.)

5 { Pétales entiers ; feuil. ailées. . . . .
  {   . . . . G. Robertianum (p. 17.)
  { Pétales échancrés ; feuil. plus ou moins lobées, mais
  {   non ailées. . . . . G. Molle (p. 17.)

6 { Pétales entiers. . . G. Rotundifolium (p. 17.)
  { Pétales échancrés 7

7 { Pédoncules plus longs que les feuil. . . . .
  {   . . . . G. Columbinum (p. 17.)
  { Pédoncules plus courts que les feuil. . . . .
  {   . . . . G. Dissectum (p. 17.)

XXXVIII. Erodium.

$\Big\{$ 1
Feuil. ailées-pinnatifides. 2
Feuil. simples et seulement lobées. en forme de cœur.
. . . . E. Malachoides (p. 17.)

$\Big\{$ 2
Folioles un peu pétiolées. ovales, dentées ou incisées.
. . . . E. Moschatum (p. 17.)
Folioles sessiles, pinnatifides. 3

$\Big\{$ 3
Folioles presque obtuses. décurrentes sur le prolon-
gement du pétiole qui est denté. . . . .
. . . . E. Ciconium (p. 17.)
Folioles aigues, non décurrentes. . . . .
. . . . E. Cicutarium (p. 17.)

XXXIX. Rhamnus.

$\Big\{$ 1
Vieux rameaux épineux à leur extrémité ; feuil.
dentelées. . . . . . R. Catharticus (p. 18.)
Vieux rameaux non épineux ; feuil. très-entières. .
. . . . R. Frangula (p. 18.)

XL. Genista.

$\Big\{$ 1
Rameaux épineux. 2
Rameaux non épineux. 3

$\Big\{$ 2
Plante toute glabre. . . . . G. Anglica (p. 19.)
Feuil. et carène de la fl. un peu velues. . . . . .
. . . . G. Germanica (p. 19.)

$\Big\{$ 3
Branches bordées de deux ailes foliacées. . . . . .
. . . . G. Sagittalis (p. 19.)
Branches non bordées d'ailes foliacées. . . . . . .
. . . . G. Tinctoria (p. 19.)

XLI. Cytisus.

$\Big\{$ 1
Cal. court en forme de cloche; gousses velues seulement sur les bords. . . . C. Scoparius (p. 19.)
Cal. en tube cylindrique ; gousses entièrement
velues. 2

2 $\left\{\begin{array}{l}\end{array}\right.$ Plante couverte de poils argentés et couchés. . . . . C. Argenteus (p. 19.)
Plante garnie de poils longs et hérissés. C. Capitatus (p. 19.)

XLII. Ononis.

1 Fl. purpurines, quelquefois blanchâtres; plante épineuse, surtout dans sa vieillesse. . . . . O. Arvensis (p. 19.)
Fl. jaunes; plante non épineuse. 2

2 Fl. presque sessiles, plus petites que les cal. ; plante à peine visqueuse. . . . O. Columnœ (p. 20.)
F. Pédonculées, plus grandes que les cal. ; plante très-visqueuse. . . . . . . O. Natrix (p. 20.)

XLIII. Medicago.

1 Gousses courbées, ou ne décrivant qu'un seul tour de spirale. 2
Gousses roulées en escargot, et décrivant plusieurs tours. 3

2 Fl. violettes. . . . . M. Sativa (p. 20.)
Fl. jaunes; gousses très-petites, arrondies, ridées. . . . . M. Lupulina (p. 20.)

3 Gousses non épineuses, aplaties des deux côtés. . . . . M. Orbicularis (p. 20.)
Gousses épineuses, plus ou moins arrondies. . . . 4

4 Gousses pubescentes; stipules entières. M. Minima (p. 20.)
Gousses glabres; stipules ciliées-dentées. 5

5 Feuil. tachées de brun; stipules seulement dentées. . . . . M. Maculata (p. 20.)
Feuil. non tachées; stipules ciliées-dentées. . . . 6

6 Tige couchée; gousses de la grosseur d'une lentille environ. . . . . M. Apiculata (p. 20.)
Tige presque droite; gousses 2 fois plus grosses à épines très-longues. . . M. Lappacea (p. 20.)

XLIV. Trigonella.

1 {
Fl. portées sur un pédoncule axillaire ; gousse ovale, très-glabre. . . . . T. Hybrida (p. 21.)
Fl. presque sessiles aux aiselles ; gousse linéaire, un peu arquée, souvent pubescente. . . . .
. . . . T. Monspeliaca (p. 20.)

XLV. Melilotus.

1 {
Fl. blanches. . . . . . . M. Leucantha (p. 21.)
Fl. jaunes. . . . . M. Officinalis (p. 21.)

XLVI. Trifolium.

1 {
Fl. blanchâtres ou rougeâtres, ou jaunâtres. . . 2
Fl. jaunes. 22

2 {
Cal. tout glabre. 3
Cal. velu ou hérissé au moins sur les lanières. . 6

3 {
Têtes de fl. toutes terminales ou pédonculées. . 4
Plusieurs têtes de fl. latérales ou sessiles. . . . . .
. . . . T. Glomeratum (p. 22.)

4 {
Folioles oblongues. · . . . T. Strictum (p. 22.)
Folioles ovales ou en cœur renversé. 5

5 {
Tige rampante ; gousse à 4 graines. . . . . . .
. . . . T. Repens (p. 22.)
Tige plus ou moins droite, mais non rampante ; gousses à 2 graines. . . . T. Elégans (p. 22.)

6 {
Cal. non renflés à la fin de la floraison. 7
Cal. renflés et vésiculeux à la fin de la floraison. 21

7 {
Fl. purpurines ou d'un rouge pâle. 8
Fl. blanches ou d'un blanc jaunâtre. 16

8 {
Fl. en épi cylindrique. 9
Fl. en tête ovoïde ou arrondie. 12

9 {
Feuil. linéaires ou à peine oblongues. 10
Feuil. en forme de cœur renversé. . . . .
. . . . T. Incarnatum (p. 21.)

10 {
Divisions du cal. à peu-près égales entre elles ; plante velue. 11
Division inf. du cal. très-longue ; plante glabre. . .
. . . . T. Rubens (p. 21.)

11 { Dents du cal. fermes , égales à la cor. ou plus courtes qu'elle. . . . . . . T. Angustifolium (p. 21.)
Dents du cal. molles, plus longues que la cor. . . . . T. Arvense (p. 21.)

12 { Lanières du cal. sensiblement égales entre elles, ou peu inégales ; têtes de fl. petites. 13
Lanières du cal. inégales ; têtes de fl. très-grosses. . . . . , ... T. Pratense (p. 22.)

13 { Lanières du cal. très-velues , plus longues que son tube. 14
Lanières du cal. peu velues , plus courtes que son tube. 15

14 { Folioles linéaires. . . . . . . T. Arvense (p. 21.)
Folioles cunéiformes , arrondies ou un peu échancrées au sommet. . . . . . T. Lappaceum (p. 21.)

15 { Têtes des fl. pédicellées ; lanières du cal. larges, l'inf. à 3 nervures, plus longue. T. Maritimum (p. 22.)
Têtes des fl. sessiles , entourées de feuil. ; dents du cal. fines ; stipules larges. T. Striatum (p. 21.)
Têtes des fl. sessiles , géminées ; dents du cal. égalant la cor. ; stipules longuement subulées. . . . . T. Bocconi (p. 21.)

16 { Dents du cal. sensiblement égales. 17
Dent inf. du cal. plus longue que les autres. . 20

17 { Fl. en épi court, plus ou moins arrondi. . . . 18
Fl. en épi oblong ou cylindrique. 9

18 { Têtes de fl. sessiles ou immédiatement entourées de feuil. florales ; fl. nombreuses. 19
Têtes de fl. pédonculées à 3-4 fl. s'enfonçant en terre après la floraison. . T. Subterraneum (p. 22.)

19 { Têtes de fl. toutes terminales. . . . . , . . T. Lappaceum (p. 21.)
Têtes de fl. latérales et terminales , très-petites. . . . . · T. Scabrum (p. 21.)

20 { Fl. d'un blanc jaunâtre ; stipules velues. . . . . T. Ochroleucum (p. 22.)
Fl. blanches ou roses ; stipules poilues seulement au sommet. . . . . T. Pratense (p. 22.)

21 { Etendard placé du côté inf. de la fl. . . . .
. . . . T. Resupinatum (p. 22.)
Etendard placé du côté sup. de la fl. . . . .
. . . . T. Fragiferum (p. 22.)

22 { Stipules foliacées , lancéolées , plus longues que le
pétiole ; fl. d'un jaune d'or. T. Agrarium (p. 22.)
Stipules ovales, ciliées au sommet, plus courtes que
le pétiole ; fl. d'un jaune un peu pâle . . 23

23 { Etendard fortement sillonné. . . . .
. . . . T. Procumbens (p. 22.)
Etendard lisse. . . . . . . T. Filiforme (p. 22.)

XLVII. Dorychnium.

1 { Plante soyeuse-laineuse. Folioles et stipules ovales-
lancéolées ; fl. grandes. D. Hirsutum (p. 23.)
Plante peu velue ; folioles et stipules linéaires ,
très-étroites ; fl. très-petites. . . . .
. . . . D. Suffruticosum (p. 23.)

XLVIII. Lotus.

1 { Pédoncules portant 8-10 fl. ; cal. souvent glabre ,
2-3 fois plus court que la cor. . . . .
. . . . L. Corniculatus (p. 23.)
Pédoncules chargés de 1-5 fl. ; cal. très-poilu , n'étant
pas 2-3 fois plus court que la cor. 2

2 { Pédoucules à 1-3 fl. ; gousses de 3 centimètres de
longueur très-grêles. L. Angustissimus (p. 23.)
Pédoncules à 3-5 fl. ; gousses de 1-2 centimètres de
longueur. . . . . L. Hispidus (p. 23.)

XLIX. Astrolobium.

1 { Feuil. ailées à 8-9 paires de folioles. . . . .
. . . . A. Ebracteatum (p. 24.)
Feuil. simples ou ternées , les latérales arrondies , l'im-
paire ovale très-grande. A. Scorpioides (p. 24.)

L. Ornithopus.

1 { Fl. jaunes ; gousses pubescentes, comprimées, terminées par une corne arquée. . . . .
. . . . O. Compressus (p. 24.)
Fl. roses ; gousses glabres, terminées par une corne droite, courte. . . . . . . O Roseus (p. 24.)

LI. Vicia.

1 { Fl. portées sur un pédoncule axillaire alongé. . . .
. . . . V. Cracca (p. 25.)
Fl. presque sessiles à l'aisselle des feuil. 2

2 { Stipules entières en forme de demi-fer de flèche, rar. un peu dentées ; folioles étroites. 3
Stipules profondément dentées ; folioles larges, semblables à celles de la fève. . . . .
. . . . V. Narbonensis (p. 25.)

3 { Fl. purpurines ou bleuâtres. 4
Fl. jaunes. . . . . V. Lutea (p. 25.)

4 { Pédoncules ne portant qu'une seule fl. ; cal. presque glabres. 5
Pédoncules portant une grappe de 3-5 fl. ; cal. hérissés. . . . . V. Sepium (p. 25.)

5 { Fl. sessiles ; cal. cylindrique ; gousses linéaires ; stipules tachées de noir à la base. . . . .
. . . . V. Sativa (p. 25.)
Fl. un peu pédonculées ; cal. en cloche ; gousses lancéolées, inclinées. . . . V. Peregrina (p. 25.)

LII. Ervum.

1 { Gousse glabre. 2
Gousse velue. . . . . . . E. Hirsutum (p. 25.)

2 { Gousse large, un peu enflée, à 2 graines. . . . .
. . . . E. Lens (p. 25.)
Gousse oblongue, linéaire, à 3-6 graines. . . . 3

3 { Vrilles rameuses ; pédoncules de la longueur des feuil. ;
goussesà 3-4 graines. E. Tetraspermum (p. 26.)
Vrilles simples ; pédoncules plus longs que les feuil. ;
gousses à 4-6 graines. . . E. Gracile (p. 26.)

LIII. Pisum.

1 { Folioles entières , grandes , ovales. . . . .
. . . . P. Sativum (p. 26.)
Folioles ovales-arrondies , crénelées , assez petites. .
. . . . P. Arvense (p. 26.)

LIV. Lathyrus.

1 { Pétiole ne portant pas de folioles. 2
Pétiole portant des folioles. 3

2 { Fl. jaune ; stipules très-grandes , ovales , imitant des
folioles. . . . . L. Aphaca (p. 26.)
Fl. rougeâtre ; stipules nulles ou très-petites ; pétioles
dilatés en forme de feuil. graminées. . . . . . .
. . . . L. Nissolia (p. 26.)

3 { Fl. jaune. 4
Fl. blanche , rouge ou bleue. 5

4 { 1-2 fl. sur chaque pédoncule. L. Annuus (p. 27.)
3-8 fl. par pédoncule. . . L. Pratensis (p. 26.)

5 { Stipules profondément dentées ; feuil. à 2-3 paires
de folioles. . . . . . . L. Bithynicus (p. 27.)
Stipules non dentées ; feuil. à 1 paire de folioles. 6

6 { Fl. solitaires sur chaque pédoncule. 7
Deux ou plusieurs fl. sur chaque pédoncule. . 10

7 { Gousse ou ovaire glabre. 8
Gousse ou ovaire velu. . . L. Hirsutus (p. 27.)

8 { Gousse chargée sur le dos de deux ailes membraneuses ; fl. souvent blanche. L. Sativus (p. 26.)
Gousse non ailée sur le dos ; fl. rouge ou écarlate. 9

9 { Graine sphérique, ponctuée de noir à la maturité ;
gousse très-nerveuse. . L. Sphoericus (p. 26.)
Graine anguleuse non ponctuée ; gousse peu nerveuse.
. . . . L. Angulatus (p. 26.)

10 { Gousse ou ovaire glabre. 11
Gousse ou ovaire hérissé de poils. . . . .
. . . . L. Hirsutus (p. 27.)

11 { Stipules presque linéaires ; folioles aigues ; fl. moyennes. . . . . L. Sylvestris (p. 26.)
Stipules ovales-lancéolés ; folioles obtuses ; fl. très-
grandes. . . . . L. Latifolius (p. 26.)

LV. Orobus.

1 { Tige un peu rampante , ailée ; racine tubéreuse. . .
. . . . O. Tuberosus (p. 27.)
Tige droite anguleuse ; racine non tubéreuse. . . .
. . . . O. Niger (p. 27.)

LVI. Lupinus.

1 { Folioles ovales-oblongues, très-chargées de poils longs
et moux. . . . . L. Albus (p. 27.)
Folioles linéaires , étroites , peu velues , un peu
charnues. . . . . . L. Angustifolius (p. 27)

LVII. Prunus.

1 { Arbre non épineux. . . . P. Domestica (p. 28.)
Arbrisseau (buisson) très-épineux. . . . .
. . . . P. Spinosa (p. 28.)

LVIII. Spiroea.

1 { Feuil. ailées à folioles étroites , presque glabres ,
peu inégales ; racines tubéreuses. . . . .
. . . . S. Filipendula (p. 28.)
Feuil. ailées à folioles très-inégales , blanches en
dessous, la terminale très-grande. . . . .
. . . . S. Ulmaria (p. 28.)

LIX. Rubus.

1 { Feuil. blanchâtres en dessous ; baies noirâtres ; tige
très-ligneuse. 2
Feuil. vertes en dessous ; baies bleuâtres à grains
peu nombreux ; tige peu ligneuse. . . . .
. . . . R. Coesius (p. 29.)

2 { Feuil. très-cotonneuses en dessous, pubescentes en dessus. . . . . . R. Tomentosus (p. 29.)
Feuil. peu cotonneuses en dessous, glabres en dessus. . . . . R. Fruticosus (p. 29.)

LX. Potentilla.

1 { Fl. jaunes. 2
Fl. blanches. 5

2 { Cal. à 8 divisions ; pétales 4. . . . . P. Tormentilla (p. 29.)
Cal. à 10 divisions ; pétales 5. 3

3 { Feuil. palmées, vertes en dessus, blanches-cotonneuses en dessous. . . . . p. Argentea (p. 29.)
Feuil. palmées, plus ou moins hérissées de poils des deux côtés, non cotonneuses ni blanches en dessous. 4

4 { Tige rampante, stolonifère ; feuil. peu velues ; fl. très-longuement pédonculées. P. Reptans (p. 29.)
Tige ni rampante, ni stolonifère ; feuil. très-velues. . . . . P. Verna (p. 29.)

5 { Folioles dentées seulement vers le sommet ; caps. un peu ridées. . . . . . P. Splendens (p. 29.)
Folioles dentées dans la moitié au moins de leur contour ; sup. caps. non ridées. . . . . P. Fragaria (p. 29.)

LXI. Rosa.

1 { Styles soudés en une colonne centrale saillante ; fl. toujours blanches. . R. Arvensis (p. 30.)
Styles libres ; fl. blanches ou roses. 2

2 { Feuil. couvertes en dessous de glandes couleur de rouille ; fl. souvent blanches. . . . . R. Rubiginosa (p. 30.)
Feuil. peu ou point glanduleuses en dessous ; fl. blanches ou roses. 3

3 { Feuil. doublement dentées ; fl. grande d'un rouge pourpre foncé.. . . . . . R. Gallica (p. 30.)
Feuil. simplement dentées ; fl. moyenne blanche, ou lavée de rose. . . . . R. Canina (p. 30.)

LXII. Pyrus.

1 { Feuil. ailées avec impaire ; styles 2-5. . . . .
. . . . P. Sorbus (p. 31.)
Feuil. dentées ou lobées, non ailées. 2

2 { Feuil. ovales, cordiformes, à 5-7 lobes profonds,
pointus et divergens ; styles 2-5 soudés. . . .
. . . . P. Torminalis (p. 31.)
Feuil. seulement dentées. 1

3 { Feuil. doublement dentées en scie, blanches-cotonneuses en dessous ; styles 2-3. P. Aria (p. 31.)
Feuil. simplement dentées ou crénelées, glabres ou
laineuses ; 5 styles. 4

4 { 5 styles libres ; feuil. dentelées en scie ; fl. blanches.
. . . . P. Communis (p. 30.)
5 styles soudés à la base ; feuil. crénelées, laineuses
en dessous ; fl. blanches mêlées de rose. . . . .
. . . . P. Malus (p. 30.)

LXIII. Epilobium.

1 { Tige tétragone, glabre ; stigm. entier ou à lobes peu
distincts ; fl. très-petites. . . . .
. . . . E. Tetragonum (p. 32.)
Tige cylindrique, velue ; stigm. à 4 lobes bien
distincts. 2

2 { Tige très-rameuse ; feuil. embrassantes ; fl. grandes ;
sépales mucronés. . . E. Hirsutum (p. 32.)
Tige presque simple ; feuil. sessiles, non embrassantes ; fl. petites ; sépales non mucronés. . . . . .
. . . . E. Molle (p. 32.)

LXIV. Ceratophyllum.

1 { Fruit à 3 cornes ; lanières des feuil. rudes et den-
tées. . . . . C. Demersum (p. 33.)
Fruit sans cornes, lanières des feuil. lisses. . . .
. . . . C. Submersum (p. 33.)

LXV. Lythrum.

1 {
Tige d'un mètre et plus; fl. en épi alongé à 12 étam.
environ. . . . . L. Salicaria (p. 33.)
Tige d'un décimètre au plus; fl. axillaires, non en
épi, petites, à 5-10 étam. . . . .
. . . . L. Hhyssopifolium (p. 33.)

LXVI. Sedum.

1 {
Feuil. planes. 2
Feuil. cylindriques. 3

2 {
Fl. rougeâtres en corymbe; feuil. grandes, oblongues
ou ovales, un peu dentées. S. Telephium (p. 34.)
Fl. blanches en panicule; feuil. petites, les inf.
presque en spatule. . . . . S. Coepea (p. 35.)

3 {
Fl. blanches ou rougeâtres. 4
Fl. jaunes; feuil. prolongées au-dessous de leur
insertion. 6

4 {
Tiges pubescentes au sommet; feuil. ovales-coniques
très-épaisses; fl. blanchâtres. . . . .
. . . . S. Dasyphyllum (p. 35.)
Plante glabre; feuil. oblongues, presque cylindri-
ques; fl. blanches ou rougeâtres. 5

5 {
Etam. 10; fl. d'un blanc de lait; pétales presque
obtus. . . . . S. Album (p. 35.)
Etam. souvent 5; fl. rougeâtres; pétales terminés en
arête. . . . . S. Rubens (p. 35.)

6 {
Plante de 4-6 centim.; feuil. courtes, ovoides, très-
obtuses; fl. en cime courte. . S. Acre (p. 35.)
Plante de 2-3 décim.; feuil. cylindriques, aigues;
fl. en cime alongée. 7

7 {
Fl. d'un jaune doré. . . . S Reflexum (p. 35.)
Fl. d'un jaune pâle ou blanchâtre. . . . .
. . . . S. Altissimum (p. 35.)

LXVII. Saxifraga.

1 { Tige de 5-6 centim. feuil. petites à 3 lobes; fl. très-petites. . . . . . . S. Tridactilites (p. 35.)
Tige de 15-20 centim. ; racines tuberculeuses ; feuil. arrondies, incisées, crénelées; fl. grandes. . . . . S. Granulata (p. 36.)

LXVIII. Pimpinella.

1 { Feuil. sup. simples et linéaires, souvent réduites à leur gaîne. . . . . . . P. Saxifraga (p. 36.)
Feuil. sup. pinnatifides ou incisées. . . . .
. . . . P. Magna (p. 36.)

LXIX. Seseli.

1 { Feuil. de la tige divisées en lanières étroites; fruit ovale, ridé ou pubescent, souvent rougeâtre. .
. . . . S. Montanum (p. 36.)
Feuil. de la tige divisées en lanières très-étroites. fruit très-petit, oblong, relevé de côtes saillantes.
. . . . S. Saxifragum (p. 36. ;

LXX. OEnanthe.

1 { Involucre nul ou à 1 foliole ; pétioles fistuleux ; fruits en tête globuleuse et hérissée. . . . . . .
. . . . OE Fistulosa (p. 36.)
Involucre à 5-6 folioles ; pétioles non fistuleux ; racines à tubercules grêles. OE. Pimpinelloides (p. 36.)

LXXI. Sium.

1 { Ombelles pédonculées ; 6-9 paires de folioles munies d'une oreillette à la base. S. Angustifolium (p. 36.)
Ombelles presque sessiles ; 3-4 paires de folioles. .
. . . . S. Nodiflorum (p. 37.)

LXXII. Ammi

1 { Folioles des feuil. inf. ovales-lancéolées. . . . . . .
. . . . A. Majus (p. 37.)
Folioles de toutes les feuil., même les inf., découpées
en lobes linéaires. . . A. Glaucifolium (p. 37.)

LXXIII. Caucalis.

1 { Feuil. 2-3 fois ailées, à folioles découpées. . . . 2
Feuil. 1 fois ailées, à folioles lancéolées, dentées. . .
. . . . C. Latifolia (p. 37.)

2 { Fl. ext. très-grandes; ombelles à 5-7 rayons. . . .
. . . . C. Grandiflora (p. 37.)
Fl. à peu-près égales; ombelles à 2-5 rayons. . . 3

3 { Involucre nul. . . . . . . C. Daucoides (p. 37.)
Involucre à 3-4 folioles. . C. Platycarpos (p. 37.)

LXXIV. Torilis.

1 { Ombelles latérales opposées aux feuil., presque sessiles. . . . . T. Nodosa (p. 38.)
Ombelles terminales et pedonculées; foliole terminale
des feuil. très-alongée. . T. Anthriscus (p. 38.)

LXXV. Anthriscus.

1 { Fruits alongés, à peine rudes. A. Cerefolium (p. 38.)
Fruits petits, ovales, hérissés de petits aiguillons. .
. . . . A. Vulgaris (p. 38.)

LXXVI. Petroselinum.

1 { Ombelle à 2-3 rayons inégaux; fl. blanches 2-3. . .
. . . . P. Segetum (p. 39.)
Ombelle à plus de 3 rayons; fl. d'un blanc jaunâtre.
. . . . P. Sativum (p. 39.)

LXXVII. Buplevrum.

1 { Involucre nul; feuil. de la tige larges, ovales, arron-
dies, perfoliées. . . B. Rotundifolium (p. 39.)
Involucre de 4-5 folioles courtes, linéaires, aigues.
Feuil. de la tige linéaires; ombelles très-petites.
. . . . B. Tenuissimum (p. 40.)

LXXVIII. Sambucus.

1 { Tige ligneuse. . . . . S. Nigra (p. 40.)
{ Tige herbacée. . . . . S. Ebulus (p. 40.)

LXXIX. Viburnum.

1 { Feuil. très-simples et point lobées. 2
{ Feuil. à 3-5 lobes. . . . . . . V. Opulus (p. 40.)

2 { Feuil. entières , lisses , luisantes , très-glabres. . .
{ . . . . V. Tinus (p. 40.)
{ Feuil. dentées , ridées , cotonneuses en dessous. . .
{ . . . . V. Lantana (p. 40.)

LXXX. Lonicera.

1 { Fl. terminales , disposées plus de 2 ensemble ; feuil.
{ glabres. 2
{ Fl. latérales et géminées sur chaque pédoncule ; feuil.
{ velues. . . . . L. Xylosteum (p. 41.)

2 { Feuil. soudées ensemble et perfoliées. . . . . . .
{ . . . . L. Caprifolium (p. 40.)
{ Feuil. distinctes. . . . L. Peryclimenum (p. 41.)

LXXXI. Galium.

1 { Fruit ou ovaire glabre. 2
{ Fruit ou ovaire hérissé de poils. 10

2 { Fruit lisse , non tuberculeux. 3
{ Fruit tuberculeux. . . . . G. Tricorne (p. 42.)

3 { Fl. blanches. 4
{ Fl. jaunes. 9

4 { Tige lisse sur ses angles. 5
{ Tige rude sur ses angles. 7

5 { Tige droite , ferme , presque cylindrique ; cor. en
{ cloche. . . . . G. Glaucum (p. 41.)
{ Tige à 4 angles plus ou moins marqués , souvent
{ couchée ; cor. non campanulée. 6

6 { Feuil. linéaires , 6 à 6 ou 7 à 7 ; tige non renflée aux
{ nœuds. . . . . G. Læve (p. 41.)
{ Feuil. ovales-oblongues , 8 à 8 , très-étalées ; tige ren-
{ flée au-dessus des verticilles, G. Mollugo (p. 41.)

7 { Fl. très-petites, d'un blanc verdâtre ou rougeâtre.
. . . . G. Anglicum (p. 41.)
Fl. assez grandes, très-blanches. 8

8 { Feuil. le plus souvent 4 à 4, obtuses ; tige un peu rude,
quelquefois tout-à-fait lisse. G. Palustre (p. 42.)
Feuil. 6 à 6, aigues ; tige très-rude, accrochante. .
. . . . G. Uliginosum (p. 42.)

9 { Feuil. ovales, 4 à 4 ; fl. axillaires ; pédoncules accompagnés de bractées. . . G. Cruciata (p. 41.)
Feuil. étroites, linéaires, 8 à 8 ; fl. en panicule, très-
nombreuses. . . . . G. Verum (p. 41.)

10 { Fl. rougeâtres ; feuil. ord. 6 à 6, linéaires. . . .
. . . . G. Litigiosum (p. 42.)
Fl. blanches ; feuil. ord. 8 à 8, lancéolées ; tige velue
au-dessus de chaque nœud. G. Aparine (p. 42.)

LXXXII. Asperula.

1 { Fl. blanches ; feuil. 8 à 8. . A. Odorata (p. 42.)
Fl. bleues ou rougeâtres ; feuil. 4 à 4, ou 6 à 6. . 2

2 { Fl. rougeâtres ; feuil. 4 à 4 linéaires, les sup. opposées 2 à 2. . . . . . . A. Cynanchica (p. 42.)
Fl. bleues ; feuil. 6 à 6, oblongues, obtuses ; bractées
garnies de longs cils. . . A. Arvensis (p. 42.)

LXXXIII. Valerianella.

1 { Caps. velue. 2
Caps. glabre. 3

2 { Caps. couronnée par 6-10 dents égales, fines, rayon-
nantes, courbées en hameçon. V. Coronata (p. 43.)
Caps. terminée par 4-6 dents très-inégales, non rayon-
nantes ni courbées. . . V. Eriocarpa (p. 43.)

3 { Feuil. entières ; caps. nue ou sans dent remarquable. 4
Feuil. sup. dentées à la base ; caps. terminée par 3-5
dents, dont 1 plus longue. V. Dentata (p. 43.)

4 { Caps. globuleuse, très-entière. V. Olitoria (p. 43.)
Caps. oblongue, creusée par un sillon longitudinal. .
. . . . V. Carinata (p. 43.)

LXXXIV. Scabiosa.

1 ⎰ Cor. à 4 divisions. 2
  ⎱ Cor. à 5 divisions. 3

2 { Réceptacle garni de poils ; feuil. velues , dentées,
    lobées ou pinnatifides. . . S. Arvensis (p. 44.)
    Réceptacle garni de paillettes ou d'écailles ; feuil.
    entières , glabres ; racine tronquée. . . . . . .
    . . . . S. Succisa (p. 44.)

3 ⎰ Fl. d'un pourpre-noir. . S. Atropurpurea (p. 43.)
  ⎱ Fl. purpurines ou bleuâtres. 4

4 { Têtes défleuries , ovales-coniques ; membrane de la
    couronne repliée en dedans. . . . .
    . . . . S. Calyptocarpa (p. 43.)
    Têtes défleuries, globuleuses ; membrane de la cou-
    ronne étalée, non repliée. S.Columbaria (p. 44.)

LXXXV. Tussilago.

1 { Fl. jaune solitaire. . . . . . T. Farfara (p. 44.)
    Fl. rougeâtres, en thyrse ou grappe alongée , odoran-
    tes. . . . . T. Fragrans (p. 44.)

LXXXVI. Senecio.

1 ⎰ Fl. flosculeuses. . . . . . . S. Vulgaris (p. 45.)
  ⎱ Fl. radiées. 2

2 { Feuil. un peu cotonneuses ; racine fortement traçante.
    . . . . S. Erucoefolius (p. 45.)
    Feuil. glabres ou presque glabres ; racine peu ou point
    traçante. 3

3 { Involucre hémisphérique ; lobe terminal des feuil.
    grand et ovale. . . . . . S. Aquaticus (p. 45.)
    Involucre cylindrique ; lobes des feuil. peu inégaux.
    . . . . S. Jacoboea (p. 45.)

LXXXVII. Erigeron.

1 { Fl. bleuâtres ou purpurines, portées sur des pédon-
    cules alternes ; feuil. hérissées. E. Acre (p. 45.)
    Fl. blanchâtres, très-petites , en panicule alongée ;
    feuil. ciliées. . . . . . E. Canadense (p. 45.)

LXXXVIII. Solidago.

1 {
Plante non visqueuse ; demi-fleurons larges de 3 millim. . . . . S. Virga-Aurea (p. 45.)
Plante très-visqueuse ; demi-fleurons d'un millim. . . . . S. Graveolens (p. 45.)
}

LXXXIX. Conyza.

1 {
Plante très-velue ; feuil. linéaires ; fl. d'un blanc roussâtre en panicule. . . C. Ambigua (p. 46.)
Plante pubescente ; feuil. ovales-lancéolées ; fl. d'un jaune pâle, presque en corymbe. C. Squarrosa (p. 46.)
}

XC. Inula.

1 {
Feuil. embrassantes, cotonneuses; demi-fleurons de 10-15 millim. de longueur. I. Dysenterica (p. 46.)
Feuil. embrassantes, velues; demi-fleurons de 2-3 millim. de longueur. . . . I. Pulicaria (p. 46.)
}

XCI. Gnaphalium.

1 {
Ecailles de l'involucre jaunâtres ; fl. en corymbe terminal. . . . . . . G. Luteo-Album (p. 46.)
Ecailles de l'involucre blanchâtres ou brunes ; fl. réunies par paquets terminaux ou latéraux. . . 2
}

2 {
Ecailles int. de l'involucre, glabres, luisantes, et d'un blanc jaunâtre. . . . G. Luteo-Album (p. 46.)
Ecailles de l'involucre, cotonneuses, ou d'un blanc brunâtre. 3
}

3 {
Feuil. de la tige 7-8 fois plus longues que les involucres. . . . . G. Uliginosum (p. 46.)
Feuil. de la tige n'étant pas 4 fois plus longues que les involucres. 4
}

4 {
Têtes très-petites, pointues, composées de 3-4 fl. 5
Têtes assez grosses, arrondies, composées de 8-10 fl. . . . . G. Germanicum (p. 46.)
}

5 {
Tige droite à rameaux dressés ; feuil. serrées contre la tige, presque dépassées par les têtes. . . . . G. Montanum (p. 46.)
Rameaux diffus. ; feuil. très-aigues, peu serrées contre la tige, dépassant les têtes. G. Gallicum (p. 46.)
}

XCII. Chrysanthemum.

1 { Demi-fleurons blancs. 2
{ Demi-fleurons jaunes.. . . . . C. Segetum (p. 47.)

2 { Graines nues , non couronnées de membranes ni de
dents ; feuil. lancéolées , dentées. . . . .
. . . . C. Leucanthemum (p. 47.)
Graines couronnées par un rebord entier ou denté ;
feuil. ailées-pinnatifides. 3

3 { Lobes des feuil. en lanières capillaires ; réceptacle
conique. . . . . C. Inodorum (p. 47.)
Lobes des feuil. ovales ou oblongs , et dentés ; réceptacle hémisphérique. 4

4 { Lobes des feuil. commençant dès la base ; graines
couronnées par 5 dents. C. Corymbosum (p. 47.)
Lobes des feuil. commençant un peu au-dessus de la
base ; graines couronnées par une membrane. . .
. . . . C. Parthenium (p. 47.)

XCIII. Anthemis.

1 { Demi-fleurons jaunes à la base. A. Mixta (p. 47.)
{ Demi-fleurons entièrement blancs. 2

2 { Graines couronnées par une petite membrane tronquée.
. . . . A. Arvensis (p. 48.)
Graines nues au sommet. 3

3 { Paillettes du réceptacle filiformes ; graines tuberculeuses ; odeur fétide. . . . A. Cotula) p. 47.)
Paillettes du réceptacle lancéolées ; graines non tuberculeuses ; odeur nulle ou suave. 4

4 { Paillettes épineuses ; fleur très-grande ; lanières des
feuil. lancéolées. . . . . A. Altissima (p. 47.)
Paillettes molles ; fl. moyenne à odeur suave ; lanières
des feuil. capillaires. . . . A. Nobilis (p. 47.)

XCIV. Achillea.

1 { Feuil. simplement dentées. . A. Ptarmica (p. 48.)
{ Feuil. découpées et pinnatifides. . . . .
. . . . A. Millefolium (p. 48.)

XCV. Artemisa.

1 { Feuil. entières, très-glabres. . . . .
. . . . A. Dracunculus (p. 48.)
Feuil. plus ou moins découpées et velues. . . . 2

2 { Feuil. larges, planes, pinnatifides-incisées, blanches-
cotonneuses en dessous. . A. Vulgaris (p. 48.)
Feuil. découpées en lanières capillaires. . . . . .
. . . . A. Campestris (p. 48.)

XCVI. Xanthium.

1 { Point d'épines à la base des feuil. qui sont cordiformes, dentées, anguleuses. X. Strumarium (p. 48.)
3 épines à la base des feuil. qui sont découpées en 3
lobes pointus. . . . . . X. Spinosum (p. 48.)

XCVII. Helianthus.

1 { Feuil. toutes cordiformes ; fl. d'un décim. de diamètre.
. . . . H. Annuus (p. 48.)
Feuil. inf. cordiformes, les sup. décurrentes sur le
pétiole ; fl. de 4-5 centim. H. Tuberosus (p. 49.)

XCVIII. Bidens.

1 { Feuil. divisées en 3 ou 5 folioles ; fl. droites. . . .
. . . . B. Tripartita (p. 49.)
Feuil. simples, dentées en scie ; fl. un peu penchées.
. . . . B. Cernua (p. 49.)

XCIX. Calendula.

1 { Graines ext. prolongées en pointe, 1 fois plus longues
que les int. ; fl. petite. . . C. Arvensis (p. 49.)
Graines, toutes presque égales ; fl. grande. . . . .
. . . . C. Officinalis (p. 49.)

C. Carduus.

1 { Feuil. non décurrentes, lisses, glabres, tachées de
blanc. . . . . C. Marianus (p. 49.)
Feuil. décurrentes, cotonneuses ou velues. . . . 2

2 { Fl. grandes, solitaires au sommet des pédoncules, penchées sous leur poids. . C. Nutans (p. 49.)
Fl. petites, droites, aggrégées plusieurs ensemble au sommet des tiges. . . C. Tenuiflorus (p. 50.)

CI. Cirsium.

1 { Feuil. décurrentes. 2
Feuil. non décurrentes. 3

2 { Fl. solitaires au sommet des rameaux ; assez grosses. . . . . C. Lanceolatum (p. 50.)
Fl. aggrégées plusieurs ensemble au sommet des rameaux ; très-petites. . . C. Palustre (p. 50.)

3 { Tige nulle ou presque nulle ; feuil radicales glabres. . . . . C. Acaule (p. 50.)
Tige élevée ; feuil. plus ou moins cotonneuses ou velues. 4

4 { Feuil. simplement bordées de cils un peu épineux ; racine bulbeuse ; tige presque nue. . . . . C. Bulbosum (p. 50.)
Feuil. tout-à-fait épineuses, éparses le long de la tige, racine non bulbeuse. 5

5 { Feuil. et involucres à peine cotonneux ; fl. moyennes. . . . . C. Arvense (p. 50.)
Feuil. et involucres très-cotonneux ; têtes de fl. très-grosses. . . . . C. Eriophorum (p. 50.)

CII. Centaurea.

1 { Folioles de l'involucre, ciliées, non épineuses au sommet. 2
Folioles de l'involucre, épineuses au sommet. . . 5

2 { Fl. bleues ; feuil. blanches-cotonneuses. . . . . C. Cyanus (p. 51.)
Fl. purpurines. 3

3 { Fleurons tous égaux. . . . . . C. Nigra (p. 51.)
Fleurons ext. plus grands. 4

4 { Graines dépourvues d'aigrettes ; feuil. ord. entières ou simplement incisées-dentées. C. Jacea (p. 50.)
Graines toutes couronnées d'aigrettes ; feuil. ailées-pinnatifides. . . . . C. Scabiosa (p. 51.)

5 { Fl. jaunes. 6
{ Fl. purpurines ou blanches. 7

6 { Tige ailée; feuil. décurrentes; écailles ni foliacées,
{ ni pinnatifides. . . . C. SOLSTITIALIS (p. 51.)
{ Tige non ailée; feuil. embrassantes; écailles ext. de
{ l'involucre, foliacées, pinnatifides. . . . . . .
{ . . . . C. LANATA (p. 51.)

7 { Epines de l'involucre palmées; graines munies d'une
{ aigrette courte. . . . . . . C. ASPERA (p. 51.)
{ Epines de l'involucre, ramafiées latéralement à leur
{ base; graines nues. . . C. CALCITRAPA (p. 51.)

CIII. CARLINA.

1 { Ecailles de la couronne blanches; tige et feuil. un peu
{ cotonneuses. . . . . . . C. VULGARIS (p. 51.)
{ Ecailles de la couronne jaunes; tige et feuil. presque
{ glabres. . . . . C. CORYMBOSA (p. 51.)

CIV. SONCHUS.

1 { Feuil. sup. profondément pinnatifides, non bordées
{ de cils roides ou épineux. S. TENERRIMUS (p. 52.)
{ Feuil. en lyre vers leur sommet, bordées de cils roides,
{ un peu épineux. . . . . S. OLERACEUS (p. 52.)

CV. LACTUCA.

1 { Nervure longitudinale de la feuil. hérissée de piquans
{ en dessous. 2
{ Feuil. entièrement lisses. . . L. SATIVA (p. 52.)

2 { Feuil. de la tige linéaires, entières, en fer de flèche
{ à la base. . . . . L. SALIGNA (p. 52.)
{ Feuil. de la tige en spatule, sinuées, horizontales. .
{ . . . . L. VIROSA (p. 52.)

CVI. LAMPSANA.

1 { Feuil. radicales; hampe nue, souvent uniflore, renflée
{ au sommet. . . . . L. MINIMA (p. 52.)
{ Tiges feuillées et chargées de beaucoup de fl. . . .
{ . . . . L. COMMUNIS (p. 52.)

CVII. Barkhausia.

1 { Involucre cendré-farineux ; plante verte non odorante.
. . . . B. Taraxacifolia (p. 53.)
Involucre hérissé de poils saillans ; plante puante d'un
verd sale. . . . . B. Foetida (p. 53.)

CVIII. Hieracium.

1 { Tige uniflore. . . . . H. Pilosella (p. 54.)
Tige à plusieurs fleurs. 2

2 { Tige stolonifère presque nue ; fl. terminales , serrées
en bouquet. . . . . . . H. Auricula (p. 54.)
Point de rejets rampans ; tige plus ou moins feuillée ;
fl. non serrées. 3

3 { Feuil. nombreuses , lancéolées , étroites , un peu
dentées ; fl. presque en corymbe. . . . .
. . . . H. Umbellatum (p. 54.)
Feuil. peu nombreuses , les inf. ovales , lobées et
échancrées à la base. . H. Intermedium (p. 54.)

CIX. Hypochoeris.

1 { Feuil. chargées de quelques poils rudes ; toutes les
aigrettes pédicillées. . . . H. Radicata (p. 54.)
Feuil. molles, le plus souvent glabres ; aigrettes ext.
sessiles. . . . . H. Glabra (p. 54.)

CX. Tragopogon.

1 { Fl. jaunes. 2
Fl. bleues ou violettes. . . T. Porrifolium (p. 55.)

2 { Pédoncules à peu-près cylindriques ; involucre égal à
la fl. ou plus court qu'elle. T. Pratense (p. 55.)
Pédoncules fortement renflés sous la fleur ; involucre
beaucoup plus long que la fl. T. Majus (p. 55.)

CXI. Thrincia.

1 { Involucre glabre, garni d'écailles à la base. . . . .
. . . . T. Hirta (p. 55.)
Involucre cotonneux ou hérissé de poils blancs , sans
écailles à la base. . . . . . T. Hispida (p. 55.)

CXII. Cichorium.

1 {
Fl. bleues toutes sessiles ; feuil. velues. . . . . . .
. . . . C Intybus (p. 56.)
Fl. les unes sessiles, les autres pédonculées ; feuil.
glabres. . . . . C. Endivia (p. 56.)
}

CXIII. Prismatocarpus.

1 {
Cor. de la grandeur du cal. au moins. . . . . . .
. . . . · P. Speculum (p. 56.)
Cor. de moitié plus courte que le cal, quelquefois
avortée. . . . . P. Hybridus (p. 56.)
}

CXIV. Campanula.

1 {
Fl. ramassées en tête serrée. C. Glomerata (p. 57.)
Fl. solitaires, en grappes, en panicule ou en épi
lâche. 2
}

2 {
Lobes du cal. plus courts que la cor. 3
Lobes du cal. au moins égaux à la cor. qui est très-
petite. . . . . C. Erinus (p. 57.)
}

3 {
Cor. toute glabre ; feuil. de la tige étroites, lancéolées
ou linéaires. 4
Cor. hérissée ou ciliée sur ses angles ; feuil. ovales,
cordiformes. . . . . . C. Trachelium (p. 57.)
}

4 {
Feuil. radicales, arrondies et échancrées en cœur à la
base. . . . . C. Rotundifolia (p. 57.)
Feuil. radicales ou inf. ovales-lancéolées. 5
}

5 {
Cal. tout couvert de poils blancs ; tige et feuil. glabres, cor. très-grande. C. Persicifolia (p. 57.)
Cal. à peine velu ; tige ou feuil. garnies de quelques
poils ; cor. moyenne. 6
}

6 {
Panicule serrée presque en forme d'épi. . . . . .
. . . . C. Rapunculus (p. 57.)
Panicule très-étalée. . . . . . C. Patula (p. 57.)
}

CXV. Erica.

1 {
Cal. double ; feuil. opposées, prolongées en 2 pointes
à la base, fl. purpurines. . E. Vulgaris (p. 57.)
Cal. simple ; feuil. ternées ; fl. verdâtres. . . . . .
. . . . E. Scoparia (p. 57.)
}

CXVI. Fraxinus.

1 { Fl. sans cal. ni cor. . . . . F. Excelsior (p. 58.)
Fl. munies d'un cal. et de 4 pétales blancs. . . . .
. . . . F. Florifera (p. 58.)

CXVII. Convolvulus.

1 { Bractées cordiformes, très-rapprochées du cal. ; fl.
très-grande , blanche. . . C. Sepium (p. 59.)
Bractées petites , en alène , écartées du cal. fl.
moyenne , blanche ou rose. C. Arvensis (p. 59.)

CXVIII. Echium.

1 { Cor. irrégulière , bleue ou violette. 2
Cor. presque régulière et couleur de chair. . . . .
. . . . E. Pyrenaicum (p. 60.)
2 { Feuil. élargies à la base , demi-embrassantes ; tiges
rarement tachées. . . . E. Violaceum (p. 60.)
Feuil. non sensiblement élargies ni embrassantes ;
tiges tachées de points rouges ou noirs. . . . . .
. . . . E. Vulgare (p. 60.)

CXIX. Lithospermum.

1 { Fl. bleues ou violettes. . . . .
. . . . L. Purpureo-Coeruleum (p. 60.)
Fl. blanches ou jaunâtres. 2
2 { Noix ou semences lisses et luisantes ; feuil. à nervures
latérales. . . . . L. Officinale (p. 60.)
Noix ridées ; feuil. sans nervures latérales. . . . .
. . . . L. Arvense (p. 60.)

CXX. Myosotis

1 { Noix ou fruits très-hérissés de pointes épineuses. .
. . . . M. Lappula (p. 61.)
Noix lisses.. 2
2 { Racine annuelle ; cal. fermé à la maturité, hérissé
de poils crochus. . . . . . . M. Annua (p. 61.)
Racine vivace ; cal. ouvert à la maturité, garni de
poils appliqués. . . . . . M. Palustris (p. 61.)

CXXI. Solanium.

1 { Tige un peu ligneuse à la base ; fl. violettes. . . .
. . . . S. Dulcamara (p. 62.)
Tige herbacée ; fl. blanches. 2

2 { Feuil. pinnatifides ; racine tubéreuse. . . . . . .
. . . . S. Tuberosum (p. 62.)
Feuil. dentées , anguleuses ; racine fibreuse ; baics
noires. . . . . S. Nigrum (p. 62.)

CXXII. Verbascum.

1 { Feuil. décurrentes sur la tige. 2
Feuil. pétiolées ou sessiles , mais non décurrentes. 3

2 { Tige simple ; feuil. à peu-près entières. . . . . . .
. . . . V. Thapsus (p. 62.)
Tige très-rameuse ; feuil. radicales , sinuées , pinna-
tifides. . . . . V. Sinuatum (p. 63.)

3 { Feuil. garnies d'un duvet cotonneux blanchâtre. 4
Feuil. vertes et presque entièrement glabres. . . .
. . . . V. Blattaria (p. 63.)

4 { Tige anguleuse ; feuil. presque glabres en-dessus ;
cotonneuses en dessous. . V. Lychnitis (p. 63.)
Tige presque cylindrique ; feuil. également chargées
de coton sur les deux faces. . . . .
. . . . V. Pulverulentum (p. 63.)

CXXIII. Antirrhinum.

1 { Lobes du cal. ovales , obtus , beaucoup plus courts
que la cor. grande. . . . . . A. Majus (p. 63.)
Lobes du cal. linéaires , égaux à la cor. petite. . . .
. . . . A. Orontium (p. 63.)

CXXIV. Linaria.

1 { Feuil. pétiolées , dentées ou anguleuses.. 2
Feuil. sessiles et entières. 4

2 { Feuil. glabres , arrondies , plus courtes que leurs
pétioles ; fl. bleues. . . L. Cymbalaria (p. 63.)
Feuil. velues , ovales ou en fer de lance , plus longues que les pétioles ; fl. jaunes. 3

3 { Feuil. ovales, non anguleuses. L. Spuria (p. 64.)
Feuil. en fer de lance, oreillées ou anguleuses à la base. . . . . L. Elatine (p. 64.)

4 { Feuil. inf. verticillées. 5
Feuil. toutes éparses, alternes ou opposées. . . . 7

5 { Fl. jaunes. . . . . L. Supina (p. 64.)
Fl. violettes, blanches ou rayées. 6

6 { Eperon plus long que la cor. ; fl. violettes. . . . .
. . . . L. Pelisseriana (64.)
Eperon plus court que la cor. ; fl. blanchâtres, rayées de bleu ; racine rampante. L. Striata (p. 64.)

7 { Gorge de la corolle ouverte, dépourvue de palais proéminent ; fl. rougeâtres ou bleuâtres. . . . 8
Gorge de la cor. fermée à palais proéminent ; fl. jaunes ou blanches , rayées de bleu. 9

8 { Feuil., la plupart alternes, petites, lancéolées, obtuses ; fl. petites. . . . . L. Minor (p. 63.)
Feuil. , la plupart opposées , en forme de spatule ; fl. assez grandes. . . . L. Origanifolia (p. 63.)

9 { Fl. jaunes ; toutes les feuil. alternes. . . . .
. . . . L. Vulgaris (p. 64.)
Fl. blanches , rayées de bleu ; feuil. quelquefois verticillées dans le bas. . . . L. Striata (p. 64.)

CXXV. Scrophularia.

1 { Feuil. ovales-oblongues, crénelées sur les bords. 2
Feuil. ailées-pinnatifides , à lanières lobées. . . . .
. . . . S. Canina (p. 64.)

2 { Racine noueuse ; tige tétragone, à angles un peu obtus.
. . . . S. Nodosa (p. 64.)
Racine fibreuse ; tige à 4 angles aigus , presque ailés.
. . . . S. Aquatica (p. 64.)

CXXVI. Orobanche.

1 { Etam. entièrement glabres ; stigm. d'un beau jaune·
. . . . O. Major (p. 65.)
Etam. velues vers leur base. 2

2 { Fl. rougeâtres même en dehors ; stigm. d'un rouge bleuâtre ; parasite sur le serpollet. . . . . O. Epithymum (p. 65.)
Fl. jaunâtres. 3

3 { Stigm. jaune à 2 lobes globuleux ; fl. en épi très-garni ; grandes. . . . . O. Foetida (p. 65.)
Stigm. purpurin ; fl. petites ; parasite sur le trèfle des prés. . . . . O. Minor (p. 65.)

CXXVII. Melampyrum.

1 { Fl. en épi serré et quadrangulaire ; cor. rouge. . . . . M. Cristatum (p. 65.)
Fl. disposées par couples et tournées d'un même côté ; cor. jaune. . . . M. Pratense (|p. 65.)

CXXVIII. Euphrasia.

1 { Fl. blanches , rouges ou bigarrées ; feuil. ovales ou lancéolées , dentées. 2
Fl. entièrement jaunes ; feuil. linéaires , entières , très-étroites. . . . . . . E. Linifolia (p. 66.)

2 { Fl. purpurines ; feuil. lancéolées-linéaires , dentées ; les 4 anthères mucronées. E. Odontites (p. 66.)
Fl. blanches, panachées de jaune et de violet ; feuil. ovales , dentées ou crénelées ; 2 anthères ciliées. . . . . E. Officinalis (p. 66.)

CXXIX. Veronica.

1 { Fl. disposées en grappes axillaires. 2
Fl. solitaires ou en grappe terminale. 8

2 { Tige glabre. 3
Tige velue ou pubescente. 5

3 { Feuil. linéaires, étroites ; caps. très-échancrées. . . . . V. Scutellata (p. 67.)
Feuil. ovales ou lancéolées , caps. peu ou point échancrées. 4

4 { Feuil. demi-embrassantes , lancéolées, dentées en scie. . . . . V. Anagallis (p. 67.)
Feuil. ovales-arrondies , entières ou à peine dentelées , retrécies en pétiole. . V. Beccabunga (p. 67.)

5 { Poils de la tige rangés sur deux [lignes opposées. .
. . . . V. CHAMOEDRIS (p. 67.)
Poils de la tige épars. 6

6 { Tige droite ; grappes de fl. longues et bien garnies.
. . . . V. TEUCRIUM (p. 67.)
Tige couchée ; grappes de fl. lâches et peu garnies. 7

7 { Feuil. pétiolées. . . . . . V. MONTANA (p. 67.)
Feuil. sessiles. . . . . . V. OFFICINALIS (p. 67.)

8 { Fl. solitaires à l'aisselle des feuil. semblables aux feuil.
de la tige ; plante plus ou moins velue. 9
Fl. en grappe terminale ; plante entièrement glabre,
rampante à la base. V. SERPYLLIFOLIA (p. 67.)

9 { Feuil divisées en 3-5 lobes profonds, disposés comme
les doigts de la main. . V. TRIPHYLLOS (p. 66.)
Feuil. crénelées ou fortement dentées. 10

10 { Tige droite. 11
Tige couchée. 12

11 { Feuil. plus longues que le pédoncule ; fl. presque sessiles. . . . . V. ARVENSIS (p. 66.)
Feuil. plus courtes que le pédoncule et à peine crénelées. . . . . V. ACINIFOLIA (p. 67.)

12 { Feuil. arrondies, à 3-5 lobes obtus, peu profonds ;
lobes du cal. cordiformes. . . . .
. . . . V. HEDEROEFOLIA (p. 66.)
Feuil ovales, un peu cordiformes, incisées-dentées ;
lobes du cal. ovales-lancéolés. 13

13 { Pédoncules beaucoup plus longs que les feuil ; caps.
aplatie, divisée en 2 lobes divergens. . . . . .
. . . . V. FILIFORMIS (p. 66.)
Pédoncules de la longueur des feuil. à peu-près ;
caps. ventrue, simplement échancrée.. . . . . .
. . . . V. AGRESTIS (p. 66.)

CXXX. SALVIA.

1 { Lèvre sup. de la cor. voûtée, non comprimée. 2
Lèvre sup. de la cor. comprimée. 4

2 { Verticille inf. de plus de 10 fl. ; feuil. cordiformes, dentées.. . . . . S. Verticillata (p. 68.)
Tous les verticilles à moins de 10 fl. ; feuil. n'ayant pas la forme d'un cœur. 3

3 { Feuil. finement crénelées. S. Officinalis (p. 67.)
Feuil. inégalement dentées ou même incisées. . . . . S. Clandestina (p. 68.)

4 { Bractées larges, colorées, plus longues que les cal. . . . . S. Sclarea (p. 68.)
Bractées plus courtes que les cal. ; fl. très-grandes. . . . . S. Pratensis (p. 68.)

CXXXI. Ajuga.

1 { Fl. bleues ou rouges, plusieurs ensemble à chaque aisselle. . . . . A. Reptans (p. 68.)
Fl. jaunes, solitaires à chaque aisselle. . . . . A. Chamoepitis (p. 68.)

CXXXII. Teucrium.

1 { Fl. jaunâtres en grappes ; feuil. en forme de cœur. . . . . T. Scorodonia (p. 68.)
Fl. purpurines, axillaires ; feuil. non en forme de cœur. 2

2 { Feuil. pinnatifides. . . . . . T. Botrys (p. 68.)
Feuil. dentées ou crénelées, ovales ou oblongues. 3

3 { Feuil. sessiles, dentées, exhalant une odeur d'ail quand on les froisse entre les doigts. . . . . T. Scordium (p. 68.)
Feuil. pétiolées, crénelées, un peu incisées et en coin à la base. . . . . T. Chamoedris (p. 68.)

CXXXIII. Lamium.

1 { Cor. 2 fois plus longue que le cal. 2
Cor. dépassant peu le cal.. 3

2 { Cor. très-grêle ; feuil. arrondies, très-obtuses, les sup. sessiles, embrassantes. L. Amplexicaule (p. 69.)
Cor. grande ; feuil. pétiolées, cordiformes, accuminées. . . . . L. Maculatum (p. 69.)

'euil. toutes simplement crénelées. . . . .

3 { . . . . L. Purpureum. (p. 69.)
Feuil. sup. arrondies , incisées. . . . .
. . . . L. Hybridum (p. 69.)

CXXXIV. Stachys.

1 { Toutes les feuil. sessiles. 2
Feuil. inf. longuement pétiolées. 3

2 { Tige droite; fl. purpurines. . . . .
. . . . S. Palustris (p. 70.)
Tige un peu couchée à la base; fl. jaunâtres ou
blanchâtres, tachées de points rouges. . . . . .
. . . . S. Sideritis (p. 69.)

3 { Fl. d'un blanc jaunâtre; plante presque glabre. . -
. . . . S. Annua (p. 69.)
Fl. rouges; plante velue ou cotonneuse. 4

4 { Feuil. en forme de cœur, velues. . . . .
. . . . S. Sylvatica (p. 70.)
Feuil. ovales, lancéolées, couvertes ainsi que la tige
d'un duvet blanc cotonneux. . . . .
. . . . S. Germanica (p. 70.)

CXXXV. Mentha.

1 { Verticilles de fl. disposés en épis terminaux. . . 2
Verticilles entre-mêlés de feuil., et écartés les uns
des autres. 5

2 { Feuil. pétiolées; épis arrondis ou obtus. 3
Feuil. sessiles; épis alongés. 4

3 { Tiges glabres; feuil. presque glabres; cal. visqueux.
. . . . M. Piperita (p. 70.)
Tiges et feuil. velues. . . . M. Hirsuta (p. 70.)

4 { Feuil. blanches, cotonneuses, non ridées ni crépues;
bractées en alène. . . . M. Sylvestris (p. 70.)
Feuil. très-ridées, crépues sur leur surface; bractées
lancéolées.. . . . . M. Rotundifolia (p. 70.)

5 { Verticilles 1-3, imitant des têtes ou des épis arrondis;
feuil. pétiolées. . . . . . M. Hirsuta (p. 70.)
Verticilles nombreux, distincts à l'aisselle des feuilles
presque sessiles. 6

6 {
Cal. fermé de poils à la maturité; lobe sup. de la
cor. entier; verticilles bien garnis. . . . .
. . . . M. Pulegium (p. 70.)
Cal. nu en dedans; lobe sup. de la cor. échancré;
verticilles peu garnis. . . M. Arvensis (p. 70.)

CXXXVI. Thymus.

1 {
Cal. bossu à la base; feuil. oblongues; pédoncules
axillaires, uniflores. . . . . T. Acinos (p. 70.)
Cal. non bossu; feuil. ovales ou elliptiques; fl. en
têtes ou en grappes nombreuses. 2

2 {
Division moyenne de la lèvre inf. entière; fl. en têtes
ou en épis courts. . . . T. Serpyllum (p. 70.)
Division moyenne de la lèvre inf. échancrée; fl. en
grappes aux aisselles sup. . T. Peta (p. 70.)

CXXXVII. Brunella.

1 {
Feuil. entières ou dentées, point laciniées. . . 2
Feuil. sup. profondément laciniées ou pinnatifides;
fl. blanches, rar. bleues. B. Laciniata (p. 71.)

2 {
Lèvre sup. du cal. à 3 arêtes; fl. moyenne. . . . .
. . . . B. Vulgaris (p. 71.)
Lèvre sup. du cal. à 3 lobes; fl. très-grande. . . .
. . . . B. Grandiflora (p. 71.)

CXXXVIII. Scutellaria.

1 {
Feuil. crénelées. . . . S. Galericulata (p. 71.)
Feuil. entières, ou dentées seulement près de la base.
. . . . S. Minor. (p. 71.)

CXXXIX. Lysimachia.

1 {
Fl. jaunes en grappes terminales; tige droite; feuil.
ovales-lancéolées. . . . . L. Vulgaris (p. 72.)
Fl. jaunes axillaires; tige rampante; feuil. presque
rondes. . . . . L. Nummularia (p. 72.)

CXL. Anagallis.

1 {
Tiges droites ou étalées ; feuil. sessiles ; fl. bleues ou rouges. . . . . A. Arvensis (p. 72.)
Tiges rampantes ; feuil. pétiolées ; fl. rosées. . . . . A. Tenella (p. 72.)
}

CXLI. Primula.

1 {
Hampe de 12-15 cent. ; dents du cal. courtes, presque obtuses ; fl. d'un jaune foncé. . . . . P. Officinalis (p. 72.)
Hampe le plus souvent nulle ; dents du cal. profondes , très-aigues , fl. d'un jaune très-pâle. . . . . P. Grandiflora (p. 72.)
}

CXLII. Plantago.

1 {
Tiges garnies de feuil. . . P. Arenaria (p. 73.)
Hampes nues ; feuil. radicales. 2
}
2 {
Feuil. entières ou à peine dentées. 3
Feuil. pinnatifides. . . . P. Coronopus (p. 73.)
}
3 {
Feuil. linéaires en alène, un peu charnues ; anthères jaunes. . . . . P. Graminea (p. 73.)
Feuil. ovales ou lancéolées ; anthères blanches ou rouges. 4
}
4 {
Loges de la caps. à 4 graines ; feuil. ovales, pétiolées. . . . . P. Major. (p. 73.)
Loges de la caps. à 1 ou 2 graines ; feuil. ovales-lancéolées ou oblongues. 5
}
5 {
Loges de la caps. à 2 graines ; feuil. ovales-lancéolées, pubescentes ; hampes cylindriques. . . . . P. Media (p. 73.)
Loges de la caps. à 1 graine ; feuil. oblongues-lancéolées ; hampes anguleuses. . . . . P. Lanceolata (p. 73.)
}

CXLIII. Amaranthus.

1 {
Fl. en épis terminaux. 2
Fl. en paquets latéraux ou axillaires. 3
}

2 { Tige couchée et étalée sur la terre ; fl. en épis terminaux. . . . . A. Prostratus (p. 74.)
Tige droite, très-rameuse ; fl. en grappes terminales,
nombreuses. . . . . A. Retroflexus (p. 74.)

3 { Bractées épineuses ; feuil. mucronées. . . . . . .
. . . . A. Albus (p. 73.)
Bractées non épineuses ; feuil. non mucronées. . 4

4 { Feuil. d'un vert noirâtre, souvent tachées, échan-
crées ou tronquées au sommet. . . . .
. . . . A. Blittum (p. 73.)
Feuil d'un vert grisâtre, un peu obtuses. . . . . .
. . . . A. Sylvestris (p. 73.)

CXLIV. Chenopodium.

1 { Feuil. dentées, sinuées, lobées ou anguleuses. . 2
Feuil. entières. 6

2 { Feuil. lancéolées-linéaires , seulement un peu den-
tées ; plante à odeur suave. . . . .
. . . . C. Ambrosioides (p. 74.)
Feuil. pinnatifides ou anguleuses. 3

3 { Feuil. pinnatifides, velues, visqueuses, à odeur forte
et pénétrante. . . . . . . C. Botrys (p. 74.)
Feuil. deltoïdes ou rhomboïdales, plus ou moins
incisées-dentées. 4

4 { Feuil. vertes sur les deux surfaces, luisantes en-dessus, incisées-dentées. . . . C. Murale (p. 75.)
Feuil. plus ou moins chargées en-dessous de poudre
glauque. 5

5 { Feuil. ovales rhomboïdales, obtuses, courtes, inégalement sinuées-dentées. C. Opulifolium (p. 75.)
Feuil. rhomboïdales alongées, souvent aigues , les
sup. entières. . . . . C. Leiospermum (p. 74.)

6 { Tige couchée ; feuil. ovales-rhomboïdales, parsemées
de poussière glauque. . . C. Vulvaria (p. 74.)
Tige étalée, rougeàtre ; feuil. ovales, vertes des deux
côtés. . . . . C. Polyspermum (p. 74.)

CXLV. Atriplex.

1 Tige droite ; feuil. molles, deltoïdes, les sup. très-entières. . . . . A. Hortensis (p. 75.)
Tiges étalées ou couchées ; feuil. fermes, un peu épaisses. 2

2 Feuil. d'un vert glauque, un peu blanchâtres, inégalement sinuées, dentées. . . A. Rosea (p. 75.)
Feuil. en fer de lance ou oblongues, non-sensiblement glauques. 3

3 Feuil. sup. lancéolées-linéaires entières ; valves du fruit à peu-près entières. . . . .
. . . . A. Angustifolia (p. 75.)
Feuil. sup. triangulaires ou en fer de lance ; valves du fruit dentées à la base. . . . .
. . . . A. Hastata (p. 75.)

CXLVI. Rumex.

1 Un tubercule à la base d'une ou plusieurs des valves qui entourent le fruit ; saveur fade. . . 2
Valves séminales, non granifères ; saveur acide. . 6

2 Valves séminales entières. 3
Valves séminales dentées. 5

3 Valves séminales très-larges, cordiformes, une seule granifère. . . . . R. Patientia (p. 76.)
Valves séminales ovales, toutes granifères. . . . 4

4 Feuil. fortement crépues, ondulées sur les bords ; fl. en grappes, un peu lâches à la base. . . . . .
. . . . R. Crispus (p. 76.)
Feuil. planes ou peu ondulées, échancrées à la base, au moins les inf. . . . .
. . . . R. Nemolapathum (p. 76.)

5 Feuil. radicales, échancrées des deux côtés en forme de violon. . . . . R. Pulcher (p. 75.)
Feuil. radicales très-grandes, en forme de cœur, un peu obtuses. . . . . R. Obtusifolius (p. 76.)

6 { Feuil. en flèche, à oreillettes presque parall,
grande, forte. . . . . . R. Acetosa (p. 76.)
Feuil. en flèche, à oreillettes très-divergentes, recour-
bées en-dessus ; tige petite, très-grêle. . . . . .
. . . . R. Tosella (p. 76.)

CXLVII. Polygonum.

1 { Feuil. ovales-lancéolées, ou lancéolées-linéaires. 2
Feuil. en forme de cœur, de fer de flèche ou de
triangle. 8

2 { Fl. disposées en épis. (Etam. 5-6 ; styles 2). . 3
Fl. axillaires. (Etam. 8 ; styles 3.). . . . .
. . . . P. Aviculare (p. 77.)

3 { Un seul épi terminal ovale, trés-serré ; plante flo-
tante sur l'eau. . . . P. Amphibium (p. 76.)
Plusieurs épis alongés, un peu lâches ; plantes ter-
restres. 4

4 { 5 étam. ; feuil. un peu en cœur à la base, chargées
de poils très-rudes. . P. Amphibium β (p. 76.)
6 étam. ; feuil. lancéolées, jamais en cœur à la
base. 5

5 { Gaînes des feuil., ou bractées terminées par des cils. 6
Point de cils au sommet des gaînes ou des bractées. 7

6 { Feuil. jamais tachées ; épis grêles. . . . .
. . . . P. Pusillum (p. 76.)
Feuil. souvent tachées ; épis assez denses. . . . .
. . . . P. Persicaria (p. 77.)

7 { Saveur des feuil. froissées très-âcre ; épis très-grêles.
. . . . P. Hydropiper (P. 77.)
Saveur herbacée, fade ; épis assez denses ; graines
aplaties des deux côtés. . . . .
. . . . P. Lapathifolium (p. 77.)

8 { Tige droite ; fl. blanches ou rosées, grandes en
grappes nombreuses. . P. Fagopyrum (p. 76.)
Tige couchée ou grimpante : fl. petites axillaires,
presque verticillées. . P. Convolvulus (p. 76.)

CXLVIII. Aristolochia.

1 {
Fl. noirâtres, solitaires à l'aisselle des feuil. qui sont presque sessiles et embrassantes. . . . .
. . . . A. Rotunda (p. 77.)
Fl. jaunes, plusieurs ensemble à laisselle des feuil. qui sont pétiolées. . . A. Clematitis (p. 78.)
}

CXLIX. Euphorbia.

1 {
Ovaires ou caps. glabres et unies. 2
Ovaires ou caps. velues, ou tuberculeuses. . . 11
}

2 {
Fl. toutes, ou au moins les sup., disposées en ombelle; tige dressée. 3
Fl. axillaires dans l'aisselle des rameaux; tiges étalées sur la terre . . . E. Chamoesice (p. 78.)
}

3 {
Ombelle à 2, 3 ou 4 rayons, rar. à 5 . . . 4
Ombelle à 5 rayons ou davantage. 7
}

4 {
Feuil. éparses; caps. petites; tige de 1-3 décim. au plus. 5
Feuil. opposées; caps. très-grosses; tiges de 5-6 décim.. . . . . E. Lathyris (p. 78.)
}

5 {
Feuil. de la tige sessiles, lancéolées ou linéaires. 6
Feuil. de la tig pétiolées et arrondies. . . . . . .
. . . . E. Peplus (p. 78.)
}

6 {
Bractées étroites, lancéolées, aigues; plante très-grêle, presque toujours simple. . . . .
. . . . E. Exigua (p. 78.)
Bractées ovales, arrondies à la base, mucronées au sommet, un peu obliques; tige très-rameuse. . .
. . . . E. Falcata (p. 78.)
}

7 {
Lobes ext. de l'involucre obtus et entiers; feuil. élargies et dentées au sommet. . . . .
. . . . E. Helioscopia (p. 78.)
Lobes ext. de l'involucre échancrés, à 2 dents ou à 2 cornes. 8
}

8 {
Ombelle à 5 rayons. 9
Ombelle à plus de 5 rayons. 10
}

9 { Graines un peu tétragones, sillonnées-rugueuses ; bifurcations de l'ombelle très-courtes. . . . . E. Falcata (p. 78.)
Graines parfaitement ovoïdes, cendrées, ridées en réseau ; bifurcations de l'ombelle alongées. . . . . E. Segetalis (p. 78.)

10 { Bractées soudées ensemble et perfoliées ; feuil.-ovales-lancéolées, velues. . . E. Sylvatica (p. 79.)
Bractées distinctes, feuil. linéaires, glabres, très-étroites ; ombelle jaunissante. . . . . E. Cyparissias (p. 78.)

11 { Capsule velue. . . . . E. Pilosa. (p. 78.)
Caps. tuberculeuse et non velue. 12

12 { Bractées glabres. . . . . . E. Verrucosa (p. 78.)
Bractées velues, au moins sur leur nervure postérieure. . . . . E. Platyphyllos (p. 78.)

CL. Mercurialis.

1 { Racine rampante ; tige simple ; feuil. velues, ponc-tuées, rudes. . . . . . M. Perennis (p. 79.)
Racine fibreuse ; tige rameuse ; feuil. glabres, lisses, un peu ciliées. . . . . . . M. Annua (p. 79.)

CLI. Urtica.

1 { Fl. monoïques ; feuil. ovales. 2
Fl. dioïques ; feuil. en cœur. . U. Dioica (p. 79.)

2 { Fl. femelles en grappes lâches. . U. Urens (p. 79.)
Fl. femelles en chatons globuleux. U. Pilulifera (p. 79.)

CLII. Salix.

1 { Individu femelle en fl. 2
Individu mâle en fl. 7

2 { Caps. ou ovaires glabres. 3
Caps. ou ovaires velus. 6

3 { Style très-court ou nul ; feuil. lancéolées. 4
Style alongé. feuil. linéaires, étroites, roulées en dessous par les bords, blanches en-dessous. . . . . S. Incana (p. 80.)

14

4 { Feuil. glabres dès leur jeunesse. 5
Feuil. pubescentes, soyeuses des deux côtés. . . .
. . . . S. Alba (p. 81.)

5 { Arbre à rameaux longs, flexibles et tombans; feuil.
dépourvues de stipules. S. Babylonica (p. 81.)
Arbrisseau à rameaux dressés; stipules arrondies,
dentelées. . . . . S. Triandra (p. 81.)

6 { Stigm. presque sessile; feuil. pétiolées ovales, coto-
neuses en-dessous. . . . . S. Caproea (p. 80.)
Style apparent ; feuil. glabres , presque sessiles;
chatons souvent opposés.. S. Monandra (p. 80.)

7 { Une anthère sous chaque écaille ; chatons petits ,
grêles. . . . . S. Monandra (p. 80.)
Deux anthères; feuil. roulées en dessous, vertes
en dessus, cotonneuses en dessous. . . . .
. . . . S. Incana (p. 80.)
Trois anthères ; feuil. glabres, ord. dentelées en
scie. . . . . S. Triandra (p. 81.)

CLIII. Populus.

1 { Feuil. glabres des deux côtés. 2
Feuil. blanches ou cotonneuses en dessous. . . . .
. . . . P. Alba (p. 81.)

2 { Rameaux tous redressés en pyramide alongée ou en
cone. . . . . P. Fastigiata (p. 81.)
Rameaux étalés, non disposés en pyramide. . . . 3

3 { Feuil. deltoïdes, très-larges, grossièrement crénelées;
12-30 étam. . . . . . P. Virginiana (p. 81.)
Feuil. deltoïdes , petites, dentées en scie, aigues...
. . . . 12-30 étam. . . . P. Nigra (p. 81.)
Feuil. deltoïdes , presque orbiculaires , dentées, à
pétioles comprimés ; 8 étam. . . . .
. . . . , . P. Tremula (p. 81.)

CLIV. Quercus.

1 { Cupule du gland hérissée de longues écailles aigues.
. . . . Q. Cerris. (p. 81.)
Cupule non herissée. 2

2 { Feuil. glabres sur les deux faces ; glands pédonculés.
. . . . Q. Racemosa (p. 81.)
Feuil. pubescentes en dessous ; glands presque sessiles.
. . . . Q. Pubescens (p. 81.)

CLV. Juniperus.

1 { Feuil. aigues, étalées, ternées, linéaires. . . . .)
. . . . J. Communis (p. 82. .
Feuil. obtuses, ovales, opposées, serrées, imbriquées
sur 4 rangs. . . . . J. Sabina (p. 82.)

CLVI. Alisma.

1 { 6 caps. divergentes en étoile ; feuil. cordiformes-
oblongues. . . . . . . A. Damasonium (p. 83.)
Plus de 6 capsules, non disposées en étoile. . . 2

2 { Caps. disposées en une tête ovale ; feuil. presque
linéaires. . . . . . A. Ranunculoides (p. 83.)
Caps. disposées circulairement ; feuil. ovales-lancéolées. . . . . A. Plantago (p. 83.)

CLVII. Potamogeton.

1 { Feuil. ovales, oblongues ou lancéolées 2
Feuil. linéaires, très-étroites. 6

2 { Feuil. toutes opposées. . . . . P. Densum (p. 84.)
Feuil. la plupart alternes ; les sup. opposées. . . 3

3 { Feuil. flottantes, longuement pétiolées, ovales, cordiformes. . . . . P. Natans (p. 84.)
Feuil. submergées, presque sessiles ou embrassantes. 4

4 { Feuil. ovales, cordiformes, embrassantes. . . . . .
. . . . P. Perfoliatum (p. 84.)
Feuil. non embrssantes. 5

5 { Feuil. grandes, ovales-oblongues, mucronées, lui-
santes, retrécies en un court pétiole. . . . . . .
. . . . P. Lucens (p. 84.)
Feuil. lancéolées, non mucronées, sessiles, ondulées-
crépues ; épi de fl. très-court. . . . .
. . . . P. Crispum (p. 84.)

6 { Tige un peu comprimée; feuil. longues de 5-8 centim., larges de 3-4 millim. . . . .
. . . . P. Compressum (p. 84.)
Tige cylindrique ; feuil. longues de 6-10 centim., larges de 2 millim. . P. Pectinatum (p. 84.)

CLVIII. Orchis.

1 { Tablier ou lanière inf. de la cor. entier ou crénelé. 2
Tablier à 3 , 4 ou 5 lobes. 3

2 { Fl. blanche à odeur suave ; tablier linéaire entier.
. . . . O. Bifolia (p. 86.)
Fl. rose, très-grande ; tablier ovale, arrondi, crénelé. . . . . O. Papilionacea (p. 85.)

3 { Tablier à 3 lobes. 4
Tablier à 4 lobes (y compris l'échancrure du lobe du milieu.). 10
Tablier à 5 lobes (y compris l'échancrure et la pointe du lobe du milieu.). 17

4 { Tubercules de la racine ovoïdes et entiers. . . . 5
Racine à tubercules palmés ou à fibres cylindriques. 8

5 { Eperon plus court que l'ovaire, qui sert de pédoncule à la fl. 6
Eperon au moins égal à la longueur de l'ovaire, et très-grêle. . . . . . . O. Pyramidalis (p. 86.)

6 { Lobes du tablier ovales, peu inégaux. 7
Lobe moyen du tablier, très-long, grêle, linéaire ; fl. verdâtres. . . . . . . O. Hircina (p. 86.)

7 { Lobe moyen du tablier entier ; fl. petites d'un rouge sale à odeur de punaise. O. Coriophora (p. 86.)
Lobe moyen du tablier, bifide ou très-échancré. 10

8 { Eperon atteignant environ le milieu de l'ovaire. 9
Eperon très-court, semblable à une bourse ou à un sac ; fl. verdâtres. . . . . O. Viridis (p. 84.)

9 { Tablier à peu-près plane ; tige pleine ; bractées ne dépassant pas les fl. souvent blanchâtres. . . . .
. . . . O. Maculata (p. 84.)
Lobes latéraux du tablier réfléchis ; tige creuse ; bractées dépassant les fl. ord. purpurines. . . .
. . . . O. Latifolia (p. 85.)

CLIX. Ophrys.

1 { Tablier ou lanière inf. de la fl. divisé en 3 ou 4 lobes
  bien distincts. 2
  Tablier presque entier ou à lobes peu apparens et
  peu profonds. 3

2 { Tablier à 4 lanières longues, représentant un homme
  pendu; fl. jaunes. O. Anthropophora (p. 86.)
  Tablier pourpre-noir, à 3 lobes obtus; celui du
  milieu plus long et échancré. O. Lutea (p. 86.)

3 { Fl. verdâtres, tablier large; ovale, à 2, 3 lobes
  à peine sensibles. . . . . O. Aranifera (p. 86.)
  Fl. blanches ou roses très-belles; tablier à bords
  repliés en dessous. . . . O. Apifera (p. 86.)

CLX. Serapias.

1 { Languette de la lanière inf. de la fl. glabre. . . . .
  . . . . S. Lingua (p. 86.)
  Languette velue à la base. S. Cordigera (p. 86.)

CLXI. Epipactis.

1 { Tablier obtus, court; fl. d'un blanc de neige, grandes.
  . . . . E. Ensifolia (p. 87.)
  Tablier aigu; fl. petites, rougeâtres. . . . .
  . . . . E. Latifolia (p. 87.)

CLXII. Iris.

1 { Divisions externes de la fl. barbues à la base. . . .
  . . . . I. Germanica (p. 87.)
  Divisions toutes dépourvues de barbe. 2

2 { Fl. jaunes. . . . . . . I. Pseudo-acorus (p. 87.)
  Fl. bleues ou violettes. 3

3 { Ovaire à 3 angles; feuil. ensiformes.. . . . .
  . . . . I. Foetidissima (p. 87.)
  Ovaire à 6 angles, feuil. linéaires, étroites. . . .
  . . . . I. Graminea (p. 87.)

CLXIII. Narcissus.

1 {
Hampe à une fl. ; cor. jaunes. 2
Hampe à plusieurs fl. ; cor. d'un jaune très-pâle. .
. . . . N. Tazetta (p. 88.)

2 {
Hampe comprimée ; couronne ou godet de la longueur
du périgone. . . . N. Pseudonarcissus (p. 87.)
Hampe presque cylindrique , couronne de moitié plus
courte que le périgone. . . . .
. . . . N. Incomparabilis (p. 87.)

CLXIV. Scilla.

1 {
Feuil. très-courtes ; souvent nulles ou fanées avant
la floraison ; fl. nombreuses en grappe ovale. . .
. . . . S. Autumnalis (p. 89.)
Feuil. presque aussi longues que la hampe ; grappe
de 4-5 fl. presque en ombelle. . . . .
. . . . S. Umbellata (p. 89.)

CLXV. Muscari.

1 {
Pédoncules des fl. sup. très-alongés. . . . .
. . . . M. Comosum (p. 89.)
Tous les pédoncules égaux à la fl. ou plus courts
qu'elle. . . . . M. Racemosum (p. 89.)

CLXVI. Ornithogalum.

1 {
Fl, blanches , grandes , peu nombreuses , en grappe
imittant presque une ombelle. . . . .
. . . . O. Umbellatum (p. 89.)
Fl. jaunâtres , petites , en épi alongé. . . . .
. . . . O. Pyrenaicum (p. 89.)

CLXVII. Allium.

1 {
Feuil. planes , non fistuleuses. 2
Feuil. cylindriques ou demi-cylindriques , fistuleu-
ses. 5

2 { Etam. dont 3 ont les filets à 3 pointes. 3
Etam. toutes simples; fl. roses, grandes. . . . . .
. . . . A. Roseum (p. 90.)

3 { Ombelle ne portant point de bulbes. 4
Ombelle portant des bulbes entre les pédicelles. .
. . . . A. Sativum. (p. 90.)

4 { Bulbe de la racine très-simple. A. Porrum (p. 90.)
Bulbe prolifère; divisions ext. du périgone, un peu
crénelées sur le dos. . A. Multiflorum (p. 90.)

5 { Toutes les étam. simples. 6
Etam. alternativement simples ou à 3 pointes. . 8

6 { Ombelles ne portant point de bulbes. 7
Ombelles portant des bulbes entre les pédicelles. -
. . . . A. Oleraceum (p. 90.)

7 { Tige nue, ou à peu-près nue; feuil. radicales; fl.
purpurines en ombelle serrée. . . . .
. . . . A. Schoenoprasum (p. 90.)
Tige feuillée; fl. d'un blanc jaunâtre, en ombelle
lâche. . . . . A. Pallens (p. 90.)

8 { Tige nue; feuil. radicales. 9
Tige feuillée. 10

9 { Bulbe de la racine prolifère; hampe souvent stérile;
étam. et pistils plus courts que le périgone. . . .
. . . . A. Ascalonicum (p. 90.)
Bulbe simple; hampe jamais stérile, renflée dans
le bas; étam. saillantes hors du périgone. . . .
. . . . A. Coepa (p. 90.)

10 { Ombelle non bulbifère; étam. saillantes hors de la fl.;
ombelle très-serrée. A. Sphoerocephalum (p. 90.) .
Ombelle bulbifère; étam. non saillantes hors de la fl.;
ombelle lâche. . . . . . A. Vineale (p. 90.)

CLXVIII. Juncus.

1 { Tiges nues; feuil. radicales. 2
Tiges feuillées. 4

2 { Etam. 6; caps. aiguë, mucronée; gaînes inf. du
chaume noires, luisantes. . J. Glaucus (p. 91.)
Etam. 3; caps obtuse; gaînes inf. non luisantes. . 3

3 { Fl. en panicule serrée, agglomérée; en tète arron-
die. . . . . J. Conglomeratus (p. 90.)
Fl. en panicule éparse, divergente; lâche. . . . . .
. . . . J. Effusus.... (p. 91.)

4 { Feuil. sans nœuds ou renflemens transversaux.. . 5
Feuil. renflées d'espace en espace en nœuds transversaux. 7

5 { Tige simple; racine bulbeuse; fl. en panicule terminale. . . . . J. Bulbosus (p. 91.)
Tige rameuse et plusieurs fois bifurquée ; fl. latérales et presque sessiles à l'aisselle des rameaux. 6

6 { Fl. solitaires aux aisselles des rameaux. . . . . . .
. . . . J. Bufonius (p. 91.)
Fl. 2·3 ensemble par petits paquets, souvent pro-
lifères. . . . . J. Supinus (p. 91.)

7 { Chaume rampant, émettant des rameaux en dehors
des aisselles des feuil. . . J. Repens (p. 91.)
Chaume non rampant et n'émettant pas de rameaux
hors des aisselles des feuil. 8

8 { Divisions du périgone ovales, courtes, presque obtuses, ou munies d'une très-petite pointe réfléchie.
. . . . J. Obtusiflorus (p. 91.)
Divisions du périgone, ou du moins les 3 ext. lancéolées, très-aigues. 9

9 { Toutes les divisions du périgone très-aigues, égalant
la caps. . . . . J. Acutiflorus (p. 91.)
3 divisions int. obtuses, presque 1 fois plus courtes
que la caps. . . . . . J. Lampocarpus (p. 91.)

CLXIX. Luzula.

1 { Pédicelles ne portant le plus souvent qu'une fl. ;
fleurs en corymbe. . . . L. Vernalis (p. 92.)
Pédicelles portant chacun un épi de 7 à 10 fl.
(épis sessiles ou pédonculés.). . . . .
. . . . L. Campestris (p. 92.)

CLXX. Typha.

1 {
Chatons ou épis mâles et femelles contigus; feuil. larges de 3 centim.. . . . T. Latifolia (p. 92.)
Chatons mâles et femelles séparés par un intervalle nu , feuil. larges de 1 centim. . . . .
. . . . T. Angustifolia (p. 92.)
}

CLXXI. Cyperus.

1 {
Tige de 4-8 décim. ; collerette ou involucre de plus de 3 feuil.. . . . . C. Longus (p. 92.)
Tige de 6-15 cent. ; collerette n'ayant pas plus de 3 folioles.. 2
}

2 {
Epillets bruns ou noirâtres. . C. Fuscus (p. 92.)
Epillets d'un jaune pâle. . C. Flavescens (p. 93.)
}

CLXXII. Scirpus.

1 {
Un seul épi ovale , simple et terminal ; racine rampante. . . . . S. Palustris (p. 93.)
Plusieurs épis en tête , en panicule ou en ombelle. 2
}

2 {
Epillets sessiles ou ramassés en têtes. 3
Epillets pédonculés ou disposés en panicule. . 4
}

3 {
2 ou 3 épillets linéaires , sessiles , et paraissant latéraux au sommet des tiges hautes de 5-6 centim.
. . . . S. Setaceus (p. 93.)
Epillets réunis en têtes serrées globuleuses , dont 1 sessile et les autres pédonculées ; tiges de 5-9 décim. . . . . S. Holoschoenus (p. 93.)
}

4 {
Tige cylindrique nue. . . S. Lacustris (p. 93.)
Tige triangulaire , feuillée. 5
}

5 {
Pédoncules simples ; épillets ovales-coniques. . . .
. . . . S. Maritimus (p. 93.)
Pédoncules rameux ; épillets arrondis, très-petits. .
. . . . S. Sylvaticus (p. 93.)
}

CLXXIII. Carex.

1 {
Epis composés de fl. mâles et de fl. femelles. . . . 2
Epis mâles et épis femelles, distincts. 8
}

2 { 2 stigm. ; épis mâles à leur sommet, femelles à leur base. 3
2 stigm. ; épis femelles à leur sommet. 7

3 { Racine rampante ; chaume presque cylindrique, très-grêle ; épillets serrés en épi ovale très-court. . . . . C. Teretiuscula (p. 94.)
Racine fibreuse ; chaume à 3 angles aigus, épillets en panicule ou serrés en épi oblong. 4

4 { Epillets disposés en panicule rameuse. . . . . C. Paniculata (p. 94.)
Epillets plus ou moins serrés en un épi simple. . 5

5 { Epillets tous rapprochés les uns des autres en épi jaunâtre à la maturité. . C. Vulpina (p. 93.)
Epillets inf. écartés ; épi verdâtre. 6

6 { Epillets très-écartés ; tiges fleuries plus courtes que les feuil. . . . . C. Divulsa (p. 94.)
Epillets peu ou point écartés ; tiges ord. plus longues que les feuil. . . . . . C. Muricata (p. 94.)

7 { Epillets ovales, alternes, rapprochés, en tête ou en épi ovoïde. . . . . C. Ovalis (p. 94.)
Epillets très-écartés, petits, solitaires et sessiles à l'aiselle de longues bractées foliacées. . . . . C. Remota (p. 94.)

8 { Stigm. 2 ; fruit ovale comprimé ; épis femelles, agréablement panachés de noir et de vert. . . . . C. Stricta (p. 94.)
Stigm. 3 ; fruit trigone ou ovale, rarement un peu comprimé. 9

9 { Plusieurs épis mâles. 10
Un seul épi mâle. 12

10 { Caps. ou fruit velu ou cotonneux sur ses faces ; plante de 3-4 décim.. 11
Caps. glabre, conique, terminée par un col ou bec bifide ; plante de 6-10 décim. C. Riparia (p. 95.)

11 { Feuil. glabres, glauques ; fruit ovale, un peu comprimé, quelquefois parsemé de poils très-courts. . . . . C. Glauca (p. 94.)
Feuil. glumes et gaînes hérissées de poils ; fruit trigone, conique, velu. . . C. Hirta (p. 94.)

12 { Caps. velue ou cotonneuse en forme de poire. . .
    . . . . C. Précox (p. 94.)
    Caps. glabre. 13

13 { Caps. obtuse et non prolongée en bec, renflée ; épis
    à fl. lâches. . . . . . . C. Panicea (p. 94.)
    Caps. pointue ou prolongée en bec ; épis serrés,
    denses. 14

14 { Caps. à long bec, réfléchies ou dirigées vers la base
    de l'épi. . . . . C. Pseudo-Cyperus (p. 94.)
    Caps. à bec court, non réfléchies. 15

15 { Tige de 1-2 décim.; épis femelles droits, très-écartés.
    . . . . C. Distans (p. 94.)
    Tige de 1 mètre et plus ; épis femelles pendans,
    très-longs. . . . . C. Maxima (p. 94.)

CLXXIV. Holcus.

1 { Arête partant de la base des glumes ; panicule lâche,
    rougeâtre. . . . . H. Alepensis (p. 95.)
    Arête partant du sommet des glumes ; panicule ovale,
    droite. . . . . H. Sorghum (p. 95.)

CLXXV. Agrostis.

1 { Périgone ou balle à 2 valves dépourvues d'arêtes. 2
    Périgone à valve ext. munie d'une arête dorsale ou
    presque terminale. 4

2 { Tige rampante. 3
    Tige droite ou demi-couchée, mais non rampante.
    . . . . A. Vulgaris (p. 96.)

3 { Languette des gaînes courte, déchirée au sommet ;
    fl. d'un vert grisâtre ou rougeâtre. . . . . . .
    . . . . A. Stolonifera (p. 96.)
    Languette oblongue, tronquée ; fl. souvent blanchâ-
    tres. . . . . A. Alba (p. 96.)

4 { Arête partant du dos de la valve. . . . .
    . . . . A. Canina (p. 96.)
    Arête très-longue, presque terminale. . . . . . .
    . . . . A Spica-venti (p. 96.)

CLXXVI. Panicum.

1 { Fl. en épi , munies à la base de soies ou de filets en
forme d'alène. 2
Fl. en panicule , dépourvues de soies à leur base. 4

2 { Involucelles uniflores , à 2 soies très-accrochantes. .
. . . . P. Verticillatum (p. 97.)
Involucelles biflores , à 4-8 soies non accrochantes. 3

3 { 8 soies roussâtres ; graines ridées en travers ; épi
jaunâtre. . . . . P. Glaucum (p. 96.)
4-6 soies verdâtres ; graines finement pointillées ; épi
vert. . . . . P. Viride (p. 96.)

4 { Gaîne des feuil. glabre ; panicule composée d'épis
alternes. . . . . . . P. Crus-Galli (p. 96.)
Gaîne des feuil. hérissée de poils ; panicule lâche
et pendante. . . . . . P. Miliaceum (p. 96.)

CLXXVII. Phalaris.

1 { Valves de la glume non prolongées en aile ; périgone
velu à la base. . . . P. Arundinacea (p. 97.)
Valves de la glume prolongées en aile sur le dos ;
périgone glabre. . . . P. Canariensis (p. 97.)

CLXXVIII. Phleum.

1 { Panicule très-serrée en épi ; glume à valves pubes-
centes, ciliées sur la carène. . . . .
. . . . P. Pratense (p. 97.)
Panicule en épi, mais plus lâche ; glume presque
glabre et à peine ciliée. . . . .
. . . . P. Phalaroides (p. 97.)

CLXXIX Alopecurus.

1 { Glume à valves aigues , soudées à la base ; chaume
droit ou peu genouillé. 2
Glume à valves obtuses , libres ; chaume fortement
coudé ou genouillé. . A. Geniculatus (p. 97.)

2 { Glume à valves glabres. . A. Arvensis (p. 97.)
  { Glume à valves velues. . . A. Pratensis (p. 97.)

CLXXX. Aira.

1 { Chaume de 5-15 centim. ; feuil. roulées, capillaires ;
  { plante très-grêle. . A. Caryophyllea (p. 98.)
  { Chaume de 5 décim. et plus ; feuil. planes, nerveuses,
  { très-rudes ; plante robuste. A. Coespitosa (p. 98.)

CLXXXI. Avena.

1 { Glume à 2-3 fl. mâles ou femelles, l'inf. herma-
  { phrodite dépourvue d'arête. 2
  { Toutes les fl. hermaphrodites. 4

2 { Toutes les feuil. glabres. . A. Elatior (p. 98.)
  { Feuil. velues ou laineuses. 3

3 { Arête saillante hors du périgone poilu à la base. .
  { . . . . A. Mollis (p. 98.)
  { Arête non saillante ; périgone glabre. . . . . . .
  { . . . . Â. Lanata (p. 98.)

4 { Epillets sessiles en épi, serrés contre l'axe et alternes.
  { . . . . A. Fragilis (p. 98.)
  { Epillets pédonculés et en panicule. 5

5 { Epillets pendans ; balles ou graines très-grosses. . 6
  { Epillets droits ; graines petites. 7

6 { Balles ou graines glabres. . . A. Sativa (p. 99.)
  { Balles ou graines velues à la base. . . . .
  { . . . . A. Fatua (p. 99.)

7 { Epillets très-petits, jaunâtres ; arête courte. . . .
  { . . . . A. Flavescens (p. 98.)
  { Epillets assez grands, blancs-argentés ; arête longue.
  { . . . . A. Pubescens (p. 98.)

CLXXXII. Bromus.

1 { Feuil. peu inégales en largeur 2
  { Feuil. sup. plus larges que les inf. ; panicule toujours
  { droite. . . . . B. Erectus (p. 99.)

Pédicelles très-dilatés vers le sommet. . . . . . .

2 . . . . B. Madritensis (p. 99.)

Pédicelles grêles , peu ou point épaissis au sommet. 3

3 Balles parfaitement glabres à l'ext. 4

Balles velues ou pubescentes 5

4 Epillets ovales; fl. distinctes à la maturité. . . .

. . . . B. Secalinus (p. 99.)

Epillets grêles , presque linéaires ; fl. demeurant imbriquées. . . . . . . B. Arvensis (p. 99.)

5 Gaîne des feuil. hérissées de poils roides ou épars. 6

Gaîne des feuil. couverte d'un duvet mou et cotonneux. 7

6 Barbes 2 fois plus longues que les fl. ; poils des gaînes non dirigés en bas. . . . B. Sterilis (p. 99.)

Barbes de la longueur des fl. ; poils des gaînes dirigés en bas. . . . . B. Asper (p. 99.)

7 Plante toute couverte d'un duvet mou ; panicule droite. . . . . B. Mollis (p. 99.)

Feuil. à poils épars ; panicule penchée , presque pendante. . . . . . . B. Tectorum (p. 99.)

CLXXXIII. Festuca.

1 Balles aigues , mais dépourvues d'arête ; feuil. planes. 2

Balles terminées par une arête ; feuil. roulées , très-étroites. 5

2 Chaume à un seul nœud près de la racine ; feuil. poilues à l'entrée de la gaîne ; épillets cylindriques. . . . . F. Coerulea (p. 101.)

Chaume à plusieurs nœuds ; feuil. non poilues à leur base ; épillets plus ou moins comprimés. . . . 3

3 Gaîne des feuil. à languette saillante ; épillets jaunissans par la dessication. F. Spadicea (p. 100.)

Gaîne des feuil. à languette très-courte et tronquée ; épillets verdâtres ou rougeâtres. 4

4 { Racine fibreuse; feuil. tendres; fl. quelquefois munies d'une très-courte arête. F. Elatior (p. 100.)
Racine rampante; feuil. striées, rudes; fl. quelquefois munies d'une très-courte arête. . . . . F. Arundinacea (p. 100.)

5 { Arêtes plus longues que les valves du périgone; valves de la glume très-inégales. 6
Arêtes plus courtes que les valves du périgone; valves de la glume peu inégales. F. Duriuscula (p. 100.)

6 { Balles lisses ou à peine pubescentes. . . . . F. Myurus (p. 100.)
Balles garnies de longs cils. F. Ciliata (p. 100.)

CLXXXIV. Arundo.

1 { Tige ligneuse à la base; poils placés à la base des fl. . . . . A. Donax (p. 101.)
Tige herbacée; poils placés sur l'axe de l'épillet et non sur les fl.. . . . A. Phragmites (p. 101.)

CLXXXV. Koeleria.

1 { Panicule en épi cylindrique velu; valve ext. du périgone munie d'une arête. K. Phleoides (p. 101.)
Panicule glabre, resserrée en épi interrompu; point d'arête. . . . . K. Cristata (p. 101.)

CLXXXVI. Poa.

1 { 2 fl. à chaque épillet, l'une pédicellée, l'autre sessile, à valves obtuses, rongées. . . . . P. Airoides (p. 102.)
3 à 5 fl. dans chaque épillet. 2
6 à 12 fl. dans chaque épillet. 6
20 fl. environ par épillet; pédoncules pubescens-glanduleux à la base. P. Megastachya (p. 102.)

2 { Racine bulbeuse; fl. le plus souvent prolifères ou vivipares. . . . . P. Bulbosa (p. 101.)
Racine non bulbeuse; fl. non vivipares. 3

3 { Tige à peu-près cylindrique. 4
Tige comprimée, surtout vers le bas. 5

Racine fibreuse; languettes aigues, longues, saillantes.
4 { . . . . P. Trivialis (p. 101.)
Racine rampante; languettes très-courtes et tronquées.
. . . . P. Pratensis (p. 101.)

Racine fibreuse; pédicelles inf. beaucoup plus longs
5 { que les sup. . . . . P. Annua (p. 102.)
Racine longue, rampante; pédicelles peu inégaux.
. . . . P. Compressa (p. 101.)

Entrée des gaînes et base des pédoncules inf. munies
d'un pinceau de poils; épillets rouges, très-petits.
6 { . . . . P. Pilosa (p. 102.)
Pas de poils ni à l'entrée des gaînes, ni à la base
des pédoncules. 7

Tige comprimée; épillets elliptiques, petits; feuil.
tachées de brun à l'entrée de la gaîne. . . . .
7 { . . . . P. Aquatica (p. 102)
Tige non comprimée; épillets alongés. 8

Epillets alternes, étalés, disposés sur 2 rangs; feuil.
8 { étroites, aigues. . . . . . P. Rigida (p. 102.)
Epillets droits, serrés contre l'axe; feuil. planes,
larges . . . . P. Fluitans (p. 102.)

CLXXXVII. Briza.

Languette très-courte; panicule nue à la base, un
1 { peu rougeâtre. . . . . . . B. Media (p. 102.)
Languette très-longue; panicule entourée à la base
par la feuil. sup.; fl. vertes. B. Minor (p. 102.)

CLXXXVIII. Cynosurus.

Panicule en épi court, ovale, hérissé d'arêtes. . .
1 { . . . . C. Echinatus (p. 103.)
Panicule en épi alongé, sans arêtes. . . . .
. . . . C. Cristatus (p. 103.)

CLXXXIX. Triticum.

1 { Epi serré et imbriqué. . . T. Sativum (p. 103.)
Epillets plus ou moins écartés, non imbriqués. . 2

15

2 { Valves des balles pubescentes, velues ou fortement ciliées. 3
Valves des balles glabres. . . . . , . . 5

3 { Valves ext. des balles bordées de cils roides ; 1-3 épillets au plus. . . . T. Ciliatum (p. 103.)
Valves ext. des balles velues ou pubescentes ; épillets nombreux. 4

4 { Arêtes de 10-15 millim. ; feuil. et gaînes ord. velues ; racine fibreuse. . . T. Sylvaticum (p. 103.)
Arêtes nulles ou de 3-4 millim. feuil. et gaînes ord. glabres ; racine rampante. T. Pinnatum (p. 103.)

5 { Racine fibreuse ; tige très-grêle, de 10-15 cent. ; épillets très-petits. . . T. Nardus (p. 103.)
Racine rampante ; tige robuste de 5-10 décim. ; épillets gros. 6

6 { Epillets cylindriques , alongés , distiques , un peu pédonculés. . . . . . T. Pinnatum (p. 103.)
Epillets courts, aplatis, tout-à-fait sessiles et appliqués contre l'axe. . . . T. Repens (p. 103.)

CXC. Lolium.

1 { Chaume ou tige rude au sommet ; épillets plus courts que la glume. . . . L. Temulentum (p. 104.)
Chaume lisse ; épillets plus longs que la glume . 2

2 { Epillets à 3-4 fl. , chaume grêle ; feuil. étroites. . . . . L. Tenue (p. 104.)
Epillets à 6-12 fl. , chaume assez robuste ; feuil. assez larges. . . . . . . L. Perenne (p. 104.)

CXCI. Hordeum.

1 { Gaînes des feuil. entièrement glabres ; glumes plus ou moins rudes, mais non ciliées. 2
Gaînes inf. velues ou pubescentes ; glumes ou involucres ciliés. . . . . . H. Murinum (p. 104.)

2 { Feuil. inf. velues ; fl. latérales mâles. . . . . H. Secalinum (p. 104.)
Toutes les feuil. glabres ; fl. toutes hermaphrodites. . . . . H. Vulgare (p. 104.)

CXCII. Lemna.

1 { Feuil. rétrécies en pétioles , lancéolées et à 3 lobes disposés en croix. . . L. Trisulca (p. 104.)
Feuil. sessiles , elliptiques et simples. . . . . . .
. . . . L. Minor (p. 104.)

CXCIII. Equisetum.

1 { Tiges fleuries , dépourvues de feuil. ou de rameaux. 2
Tiges fleuries , garnies de feuil. ou de rameaux verticillés. . . . . E. Palustre (p. 105.)

2 { Gaînes terminées par 18 crénelures peu marquées ; tiges stériles nues. . . E. Hyemale (p. 105.)
Gaînes divisées en dents profondes et aigues ; tiges stériles , garnies de rameaux. 3

3 { Gaînes à 12 dents ; verticilles des tiges stériles , à 8-15 feuil. ou rameaux. E. Arvense (p. 105.)
Gaînes à 20-30 dents ; verticilles des tiges stériles , à 30 feuil. ou rameaux. E. Fluviatile (p. 105.)

CXCIV. Polystichum.

1 { Feuil. 2 fois ailées à lobes ciliés-épineux ; pétioles très-écailleux. . . . . P. Aculeatum (p. 106.)
Feuil. 1 fois ailées, à lobes aigus , non ciliés ; pétioles nus ; lobes fructifères , un peu roulés en dessous
. . . . P. Thelypteris (p. 106.)

CXCV. Asplenium.

1 { Feuil. une seule fois ailées, à pinnules ovales , arrondies , crénelées. . A. Trichomanes (p. 106.)
Feuil. plusieurs fois ailées ou décomposées. . . 2

2 { Lobes des feuil. en lanières étroites à la base , obtuses au sommet. A. Ruta-Muraria (p. 106.)
Lobes ovales-lancéolés, incisés ou dentés en scie. .
. . . . . . A. Adianthum-Nigrum (p. 106.)

FIN DE L'ANALYSE DES ESPÈCES.

DICTIONNAIRE

DES TERMES DE BOTANIQUE

EMPLOYÉS DANS CET OUVRAGE (1).

ACOTYLÉDONES. Plantes sans cotylédon. *Voyez* cotylédon.

AGGRÉGÉES. Se dit des fleurs réunies plusieurs ensemble dans un involucre ou calice commun, comme dans les scabieuses ; on emploie aussi ce mot pour indiquer une réunion de fleurs disposées en têtes serrées.

AIGRETTE. Pinceau de poils simples ou ramifiés en plume, qui couronnent la graine dans la famille des composées, etc.

AILÉE (feuil. ailée). Se dit des feuilles qui sont découpées jusqu'à la côte moyenne en folioles distinctes, alternes ou opposées, comme dans le frêne, l'acacia, etc. Ce mot s'emploie aussi pour les tiges et les pétioles quand ils sont garnis longitudinalement d'une membrane qui déborde leur superficie. Il y a aussi des fruits et des semences ailés, c'est-à-dire, bordés d'une membrane plus ou moins grande.

AILES. On donne ce nom aux deux pétales latéraux des fleurs légumineuses. Par exemp., la fleur du pois.

AISSELLE. Angle supérieur formé par les feuilles ou les rameaux avec la tige. Tout ce qui part de cet angle se nomme axillaire.

ALTERNES. Se dit des feuilles, des fleurs, etc., qui ne naissent point dans une même coupe transversale de la tige ; mais qui sont placées, une à une, alternativement à droite et à gauche.

ANTHÈRE. Partie supérieure et essentielle des étamines ; c'est un petit sac rempli de poussière fécondante, souvent jaune, appelée Pollen. A la maturité l'anthère s'ouvre

---

(1) On n'a point inséré ici les termes qui ont la même signification que dans le langage ordinaire.

d'elle-même, et répand sur l'organe femelle, nommé pistil, cette poussière fécondante, qui s'échappe aussi quelquefois à travers des trous ou pores particuliers.

ARÊTE. Filet rude ou barbe qui termine la balle ou corolle de plusieurs graminées. Par ex. le seigle.

ARTICULÉ. Il y a des tiges, des rameaux, etc., articulés, lorsqu'ils offrent d'espace en espace des points déterminés, où ils se cassent facilement.

BAYE. Fruit mou, ordinairement coloré, arrondi, rempli d'une pulpe molle et succulente, dans laquelle sont placées les graines.

BIFIDE. Partie quelconque de la plante fendue en deux à son extrémité.

BIFURQUÉ. Ce mot exprime ordinairement une division plus profonde, que celle qu'on appelle bifide.

BRACTÉES. Feuil. qui accompagnent les fl., et qui ont une forme ou une couleur très-différentes des autres feuilles de la tige.

BULBE. Racine en oignon. Par ex., la racine des liliacées, du narcisse, etc.

CALICE. Dans les fleurs complètes, c'est l'enveloppe extérieure ou la plus éloignée des organes sexuels. Le calice est ordinairement vert et foliacé.

CAPILLAIRE. Partie quelconque de la plante qui approche de la forme d'un cheveu.

CAPSULE. C'est le nom qu'on donne en général à un fruit sec qui n'est ni une silique ni une gousse.

CARÈNE. On nomme ainsi le pétale inférieur de la fleur des légumineuses, qui couvre, le plus souvent, les organes sexuels.

CAULINAIRE. Feuille ou autre partie appartenant à la tige.

CHATONS. Epis des fleurs des arbres et arbrisseaux amentacés, comme le peuplier, etc.

CILIÉ. Se dit des feuilles et autres parties des plantes qui sont bordées de poils disposés comme les cils des paupières.

COLLERETTE. On nomme ainsi la réunion des folioles qu'on voit souvent à la base des ombelles ou ombellules des plantes dites ombellifères.

Collet de la racine. C'est la partie ordinairement placée à fleur de terre, qui est intermédiaire entre la racine et la tige, et qu'on regarde comme le centre de la vitalité de chaque plante

Cone. Fruit écailleux des arbres résineux, dits conifères, comme le pin, etc.

Connivens. Réunis en un seul corps ou faisceau.

Cordiforme. En forme de cœur. Se dit des feuilles, etc.

Corolle. C'est dans les fleurs complètes l'enveloppe intérieure ou la plus voisine des organes sexuels ; elle est toujours colorée, et non pas verte, ce qui la distingue du calice. C'est la partie qu'on nomme vulgairement la fleur.

Corolle en roue, lorsque le tube est très-court, et le limbe très-ouvert, à peu-près plane. Par ex. la bourache.

Corolle en entonnoir, lorsqu'elle est évasée au sommet et rétrécie à la base terminée en tube. Par ex. le tabac.

Corolle en soucoupe, quand le limbe s'évase supérieurement en forme de soucoupe.

Corolle régulière ou irrégulière, selon que ses parties sont égales et de même forme, ou inégales et de forme différente.

Corolle labiée, c'est-à-dire ouverte en deux lèvres.

Corolle rosacée ; celle qui est composée de plusieurs pétales égaux, sans onglet, disposés en rose. Par ex. le poirier.

Corolle papillonacée celle des légumineuses. Par ex., le pois, le haricot, etc.

Corymbe. Réunion de fleurs dont les pédoncules partant de différens points, arrivent à peu-près à la même hauteur. Ex. la millefeuille.

Cotylédons. Parties de l'embryon. Ce sont les rudimens des premières feuilles dont se nourrit la jeune plante au moment de la germination.

Cryptogames. Plantes dont les organes sexuels ne sont point apparens.

Décurrentes. Feuilles dont la base se prolonge inférieurement le long de la tige en deux appendices.

Digitées. Se dit des feuilles dont les divisions approchent d'un centre commun, et sont disposées un peu comme les doigts de la main. Ex. la quintefeuille, les lupins.

Disque. C'est par ex. la surface d'une feuille, quand on veut la distinguer du bord ou des rayons.

Distiques. Feuilles alternes, disposées sur deux rangs réguliers et très-rapprochés. Ex. l'if., le sapin.

Embrassantes. Feuilles sans pétiole, entourant la tige par leur base élargie.

Embryon. Partie des graines qui contient les rudimens d'une nouvelle plante; il est composé de 3 parties distinctes, la plumule, la radicule et les cotylédons.

Engainantes. Feuilles dont la base forme un tube cylindrique, nommé gaîne, qui enveloppe la tige. Ex. les graminées, le blé.

Eperon. Prolongement de la corolle, ou de quelqu'une de ses parties, en forme de cornet ou d'éperon. Ex. la violette.

Epi. Fleurs en épi. Quand elles sont sessiles ou à peu-près, et disposées le long d'un axe ou pédoncule commun et alongé. Ex. le froment.

Epillets. Dans les graminées, on appelle ainsi de petits épis partiels, composés d'une ou de plusieurs fleurs, et entourés à la base d'une enveloppe à deux parties nommées glumes.

Etamines. Organes mâles des plantes ; si on les supprime, la fleur reste stérile ; elles sont en général placées entre la corolle et le pistil, et composées de deux parties, l'anthère qui contient le pollen et le filet qui lui sert de support. Celui-ci est quelquefois nul, et l'anthère est sessile, comme dans les orchis.

Etendard. C'est le nom qu'on donne au pétale supérieur des fleurs légumineuses, le haricot, etc.

Fasciculées. Feuilles ramassées en faisceau.

Feuilles imbriquées, lorsqu'elles se recouvrent en partie mutuellement.

Feuilles réfléchies, quand elles sont renversées en bas.

Feuilles oblongues, lorque leur longueur contient plusieurs fois leur largeur.

Feuilles lancéolées, quand elles sont plus longues que larges, et se rétrécissent insensiblement en pointe aux deux bouts.

Feuilles cunéiformes ou en forme de coin, lorsqu'étant rétrécies à la base, elles vont en s'élargissant jusqu'au sommet qui est tronqué.

Feuilles en alène ou subulées, lorsqu'étant linéaires à la base, elles se rétrécissent insensiblement pour finir par une pointe très-aiguë. Ex. le génévrier commun.

Feuilles mucronées , quand elles sont terminées par une petite pointe très-grêle et isolée.

Feuilles échancrées, lorsqu'elles sont obtuses et entaillées assez profondément au sommet.

Feuilles tronquées , quand elles sont brusquement terminées par une ligne transversale.

Feuilles auriculées , quand elles sont prolongées à la base en deux lobes peu sensibles.

Feuilles crénelées , quand le bord est découpé en crénelures ou petites parties saillantes arrondies.

Feuilles dentées, lorsque les dents ou crénelures sont aigues et dirigées vers le sommet.

Feuilles incisées , quand le bord offre des découpures indéterminées , plus profondes que les dents ou les crénelures.

Feuilles lobées , lorsque les incisions atteignent ou dépassent le milieu de la largeur de la feuille, et la découpent en portions plus ou moins élargies , nommées lobes.

Feuilles pinnatifides , quand elles sont divisées latéralement en lobes plus ou moins profonds , mais qui n'atteignent pas la côte du milieu.

Feuilles multifides , c'est-à-dire , divisées en lobes très-nombreux.

Feuilles lyrées ou en lyre , celles dont les lobes latéraux , très-petits à la base , augmentent à mesure qu'ils approchent du sommet.

Feuilles palmées , celles dont les divisions sont disposées comme les doigts étalés et très-ouverts. Ex. , la vigne.

Feuilles ternées , quand le pétiole porte au sommet 3 folioles , comme dans le trèfle.

Feuilles en gouttière ou canaliculées , celles qui sont roulées en dessus dans toute leur longueur.

Feuilles cylindriques , celles qui sont rondes , solides comme la tige.

Feuilles composées, celles dont le pétiole principal est ramifié , ou qui en outre du pétiole qui tient à la tige , en ont plusieurs autres particuliers attachés à celui-ci et portant les folioles.

Fistuleux. Se dit des tiges, des feuilles, etc., quand elles sont creuses et cylindriques.

Fleuron. C'est dans les composées une corolle monopétale en forme de tube divisé au sommet en 4 à 5 dents; le demi-fleuron est une corolle monopétale, tubuleuse à la base, et déjetée ensuite d'un seul côté en forme de languette plane et alongée.

Fleur; c'est cette partie passagère du végétal, composée des organes de la fécondation nus ou accompagnés d'enveloppes.

Fleur complète, lorsqu'elle réunit les organes des deux sexes et une double enveloppe, corolle et calice.

Fleur incomplète, celle à qui il manque une, deux ou trois des quatre parties qui constituent la fleur complète.

Fleur hermaphrodite, celle qui contient les organes des deux sexes.

Fleurs dioïques, celles qui sont mâles sur un individu, et femelles sur un autre.

Fleurs monoïques, celles qui sont mâles ou femelles sur le même individu.

Fleurs en grappes, celles qui sont disposées en épi, mais qui au lieu d'être sessiles, sont portées sur des pédoncules simples ou très-peu divisés.

Fleurs en panicule, celles qui sont portées sur des pédoncules écartés, à ramifications étalées et alongées; on nomme aussi panicule une réunion de plusieurs grappes.

Fleurs en ombelle, quand les pédoncules partant du même point, arrivent à peu-près à la même hauteur. L'ombelle est simple, quand les pédoncules portent immédiatement les fleurs, comme dans l'oignon; elle est composée, quand chaque pédoncule se divise au sommet en pédicelles également disposés en ombelles particlles ou ombellules, comme dans le cerfeuil

Fleurs en tête, c'est-à-dire, très-nombreuses, sessiles ou à peu-près, serrées ou ramassées au sommet d'un pédoncule commun, souvent muni d'un involucre composé de folioles ou d'écailles. Par ex., la scabieuse.

Fleurs unisexuelles, celles qui n'ont qu'un sexe, les étamines ou les pistils.

Fleurs composées. Voyez l'analyse des genres, page 146.

FOLIOLES. On donne ce nom aux feuilles latérales d'une feuille composée ou ailée. Le noyer a sa feuille composée de plusieurs folioles.

FRANGÉS. On appelle ainsi les bords d'une feuille ou d'un pétale découpés comme à coups de ciseau.

GAÎNE. Partie inférieure d'une feuille qui entoure la tige.

GÉMINÉ. Naissant deux à deux.

GLABRES. S'applique à toutes les parties d'une plante qui sont lisses et sans poils.

GLAUQUE. D'un vert blanchâtre, ou tenant le milieu entre le vert d'herbe et le vert blanc cotonneux.

GORGE DE LA COROLLE. C'est l'espace qui marque la séparation du limbe d'une fleur et de son tube.

GOUSSE. C'est ainsi qu'on appelle le fruit des plantes légumineuses, telles que le haricot.

HAMPE. C'est une tige nue et sans feuilles, comme celle du narcisse.

HYBRIDE. Plante dont l'existence est due à la poussière fécondante d'une autre espèce.

INVOLUCRE. On appelle ainsi l'espèce de calice formé de plusieurs folioles ou écailles ordinairement superposées, qu'on trouve sous les têtes des fleurs composées. On donne aussi ce nom à la réunion des folioles qu'on voit souvent à la naissance des ombelles dans les ombellifères.

INVOLUCELLE. Réunion des folioles qu'on trouve sous les ombelles partielles ou ombellules.

IMBRIQUÉES. Ce mot indique que les folioles ou les écailles d'un involucre, se recouvrent partiellement les unes les autres, comme les tuiles d'un toit.

LIMBE. Partie évasée et supérieure d'une fleur ou d'un pétale; surface d'une feuille.

LINÉAIRES. Se dit des feuilles ou d'autres parties de la plante, quand elles sont étroites et d'une largeur à peu-près égale dans toute leur longueur, excepté au sommet terminé en pointe. Les feuilles du lin, par ex.

LOBES. Voyez feuilles.

Monadelphes. Étamines soudées en un seul corps.

Monocotylédones. Plantes dont l'embryon n'a qu'un cotylédon. Les dicotylédones sont celles qui ont deux cotylédons.

Monopétales. Fleurs d'une seule pièce entière ou divisée, mais non jusqu'à la base.

Mutique. Sans épine ou sans pointe quelconque.

Nectaires, Nectars. Corps glanduleux, ordinairement placés sur le réceptacle ou sur l'ovaire, et distillant des sucs particuliers. On donnait aussi ce nom à la couronne intérieure des fleurs des narcisses, etc.

Noix. On donne souvent ce nom aux fruits ou aux graines des boraginées.

Obtuses. On donne ce nom aux feuilles et autres parties de la plante, quand elles sont émoussées ou plus ou moins arrondies au sommet.

Ombilic. Le point de la graine ou aboutit le cordon ombilical.

Onglet. Support des pétales, qui en fait partie, qui les attache au réceptacle, mais qui est plus mince et plus rétréci que le limbe.

Opposées. Se dit des feuilles et autres parties de la plante, lorsqu'elles naissent de deux points opposés de la tige et à la même hauteur.

Ovaire. C'est la partie inférieure du pistil ; il contient les ovules ou petits embryons destinés à devenir graines par la fécondation. L'ovaire forme le fruit en se développant. Dans un grand nombre de plantes il est divisé en compartimens nommés loges.

Paillettes. On appelle ainsi des lames pointues, assises sur le réceptacle entre les fleurons de plusieurs composées, telles que les camomilles.

Pédicelle. Division du pédoncule qui ne porte qu'une fleur.

Pédoncule. Support ou queue de la fleur ou du fruit.

Perfoliées. Se dit des feuilles lorsque les appendices de la base se soudent de l'autre côté de la tige, qui paraît ainsi traverser la feuille. Ex., la chlore, le chevrefeuille.

Péricarpe. Enveloppe des semences ; c'est le fruit proprement dit.

Périgone. Enveloppe unique des fleurs incomplètes, appelée calice par les uns et corolle par les autres.

Pétale. Division ou pièce distincte de la fleur polypétale.

Pétiole. C'est le support ou queue des feuilles, comme le pédoncule est celui des fleurs.

Phanérogames. Plantes dont les organes sexuels sont apparens.

Pistil. Organe femelle de la fl., placé au milieu du cal., de la cor. et des étamines. Il est composé de trois parties distinctes, 1° l'ovaire (voyez ce mot); 2° le style ; 3° le stigmate. Le style est un filet placé sur l'ovaire et servant de support au stigmate ; il établit la communication entre l'un et l'autre. Le stigmate termine le pistil dont il semble former la tête ; il est ord. fendu, évasé ou barbu, visqueux et garni de papilles qui reçoivent le pollen envoyé par les étam. Le stigmate est sessile, quant à défaut de style, il repose immédiatement sur l'ovaire.

Polypétale. Fl. ou cor. composée de plusieurs pièces distinctes et séparées jusqu'à la base.

Pubescente. Partie quelconque d'une plante un peu velue, à poils mols.

Radical. Se dit de tout ce qui part de la racine.

Réceptacle. C'est le point d'attache des fl., des graines, et en général des organes de la génération. Quand il est commun à plusieurs fl., il est quelquefois *paléacé* ou garni de paillettes, comme dans l'artichaud, *alvéolé* ou garni d'alvéoles, comme une ruche à miel (Ex., l'onoporde), etc.

Réniformes. Feuil. plus larges que longues, arrondies et échancrées à leur base en forme non de cœur, mais de rein.

Sagittée, ou en fer de flèche. Feuil. triangulaire, échancrée à la base en deux lobes aigus et un peu divergens.

Scarieux. Sec, aride, sonore au tact.

Sépale. Foliole d'un cal. qui est divisé en plusieurs pièces distinctes et séparées jusque près de la base.

Sessile. Se dit d'une partie quelconque de la plante qui n'a pas de support ou de pédoncule ou de queue.

Sétacé. Mince comme une soie, un cheveu.

Silicule. Fruit des plantes crucifères, qui n'a pas en longueur plus de deux fois la largeur.

Silique. Fruit des plantes crucifères, qui est quatre fois au moins plus long que large.

Sinuée. Feuil. découpée en parties arrondies, séparées par des sinus ou échancrures également arrondies (le chêne.)

Spadix. Axe ou pédoncule commun d'un épi de fl. unisexuelles, distinctes, sessiles et nues ou sans cor. ni cal. (Par ex., le gouet.)

Spathe. Enveloppe membraneuse en forme de cornet, qui contient les fl. avant leur épanouissement. La plupart des liliacées naissent dans une spathe, comme l'ail, le narcisse, etc.

Spatulée ou en spatule. Feuil. rétrécie à la base, large et arrondie au sommet (la paquerette).

Stigmate. *Voyez* Pistil.

Stipules. Productions ou appendices menbraneux ou foliacés, qui accompagnent la base de la feuille ou du pétiole, mais qui ne sont pas des folioles.

Stolonifère. Tige qui émet du collet de la racine des rejets traçans qui produisent une nouvelle plante (le fraisier).

Style. *Voyez* Pistil.

Tablier. Division infér. et ordin. pendante de la fl. des orchidées.

Thyrse. Fl. en thyrse ou en bouquet, quand elles sont disposées en grappe ovale, dont les pédoncules rameux sont plus longs au milieu qu'aux deux bouts.

Trigone. A 3 angles.

Tuberculeuse. Racine composée d'un ou de plusieurs corps épais, solides charnus (la pomme de terre). La racine fibreuse est celle qui est composée de branches minces et nombreuses, comme celle du blé. La racine rampante ou traçante, celle qui s'enfonce peu, et se prolonge horizontalement, en poussant çà et là de nouvelles fibres et quelquefois de nouvelles tiges, comme dans plusieurs carex.

Valves. Pièces distinctes dont se compose à l'extérieur tout fruit ou péricarpe s'ouvrant de lui-même à la maturité. Les pièces int. du péricarpe qui le divisent en plusieurs loges, se nomment cloisons. On appelle aussi valves les deux parties scarieuses de la glume et du périgone des graminées.

Variétés. Elles diffèrent des espèces , en ce que leur caractère n'est ni important ni surtout constant , comme la
couleur des fl. , etc.

Verticillées. Se dit des feuilles et des fl. qui naissent plus
de deux ensemble à la même hauteur , c'est-à-dire, dans
une même coupe transversale de la tige. Ainsi les feuil.
sont verticillées dans le gaillet , la garance, etc.

Vrilles. Filets simples ou rameux, souvent roulés en spirale ,
qui sont le plus ordinairement situés à l'extrémité des
feuil. et dans le prolongement du pétiole , comme dans la
gesse , etc.

CLASSIFICATION. — MÉTHODE NATURELLE.

Les plantes sont divisées, dans le catalogue , en deux
grandes classes , les *Dicotylédonées* et les *Monocotylédonées.*

La 1re classe se subdivise en 4 sous-classes, dont 1 , la
4e contenant les plantes à périgone simple , et les 3 autres
fondées sur le mode d'insertion des étam. , savoir : la 1re
Thalamiflores à étam. insérées sur le réceptacle , la 2^e
Caliciflores , étam. insérées sur le cal. , la 3e *Corolliflores* ,
étam. insérées sur la cor.

La 2e classe se subdivise en 2 sous-classes, les *Monocotylédonées phanérogames* et les *Monocotylédonées
cryptogames.*

Les sous-classes sont divisées en *Familles* , formées de la
réunion de tous les *Genres* , ayant plusieurs caractères impor-
tans communs. Par ex., les légumineuses.

Les *Genres* sont formés de la réunion de toutes les
Espèces, qui se ressemblent dans un grand nombre de leurs
parties. Ainsi, toutes les espèces de rosiers composent le
genre appelé *Rosier.*

L'*Espèce* est la série de tous les individus se ressemblant
parfaitement, et se reproduisant les mêmes dans les mêmes
circonstances.

TABLEAU DES ABRÉVIATIONS.

Nota. L'abréviation est la même pour les 2 genres, les 2 nombres
et les adverbes.

centim.	centimètres.	int.	intérieur.
décim.	décimètres.	ext.	extérieur.
millim.	millimètres.	ord.	ordinairement.
feuil.	feuille.	rar.	rarement.
fl.	fleur.	obs.	observation.
caps.	capsule.	var.	variété.
cal.	calice.	C.	commun.
cor.	corolle.	CC.	très-commun.
étam.	étamines.	R.	rare.
stigm.	stigmate.	RR.	très-rare.
inf.	inférieur.	*	
sup.	supérieur.		

* *Obs.* Lorsque aucun de ces derniers signes ne suit l'époque de la
floraison, c'est que la plante n'est ni absolument rare, ni tout-à-fait
commune.

EPOQUE DES FLEURS.   **SYNONYMIE.** (Noms des auteurs.)

F.	Février.	DC.	de Candolle, Flore Française, 3.e édition.
M.s	Mars.	S.t-Am.	S.t-Amans, Flore Agenaise.
Av.	Avril.	Lapeyr.	Lapeyrouse, Flore des Pyrénées.
M.	Mai.	Vill.	Villars, Histoire des plantes du Dauphiné.
J.n	Juin.	Dun.	Dunnal.
J.t	Juillet.	Lin.	Linné.
A.t	Août.	Lois.	Loiseleur.
S.	Septembre.		
O.	Octobre.		

TABLE
DES NOMS LATINS DES GENRES.

TABLE GÉNÉRALE DES MATIÈRES.

CLASSE DEUXIÈME.

ADDITIONS.

Page 56. Après le genre HYOSERIS , *ajoutez* ,

CATANANCHE. CUPIDONE.

C. COERULEA. C. *Bleue.* Suite des coteaux de Pech-David à Vieille-Toulouse. (M. Duchartre.) Eté. R.

Page 66. Après le genre RHINANTHUS , *ajoutez* ,

BARTSIA. BARTSIE.

B. VISCOSA. B. *Visqueuse.* Fossés et champs humides des bords de Lhers , au-dessous du pont d'Aigua. Mai , Juin. R.

Page 94. Après CAREX STRICTA , *ajoutez* , CAREX TOMENTOSA. C. COTON-NEUX. Prairies marécageuses des bords de Lhers , au-dessous du pont d'Aigua. Mai. R.

Page 95. Après DIGITARIA SANGUINALIS, *ajoutez* , DIGITARIA PASPALOIDES. Rive gauche du Canal près des chantiers du port, à Saint-Etienne. Août , Septembre. Trouvée par M. Duchartre.

ERRATA.

Page   7 , ligne 6 , diplotaxes,   lisez diplotaxe.
Page   3 , ligne 16 , consonde,   lisez consoude.
Page 27 , ligne 29, Silisquastrum,   lisez Siliquastrum.
Page 63 , ligne 1 , ses champs,   lisez les champs.
Page 67 , ligne 33 , S. d'Europe,   lisez L. d'Europe.
Page 79 , ligne 17 , U. Piulifera,   lisez Pilulifera.
Page 90 , ligne 30 , A. d'automne, lisez C. d'automne.
Page 103 , ligne 23 , au-dessus de Portet, lisez au-dessous.
Page 114 , ligne 16 (n. 78) un ,   lisez nu.
Page 116 , ligne 20 (n 107) primatifides, lisez pinnatifides.
Page 131 , ligne 6 , fruit 1 à noyau, lisez fruit à 1 noyau.
Page 183 , ligne 1 , Artemisa,   lisez artemisia.
Page 195 , ligne 14 , T. PETA ,   lisez NEPETA.
Page 199 , ligne 5 , R. Tosella ,   lisez Acetosella.